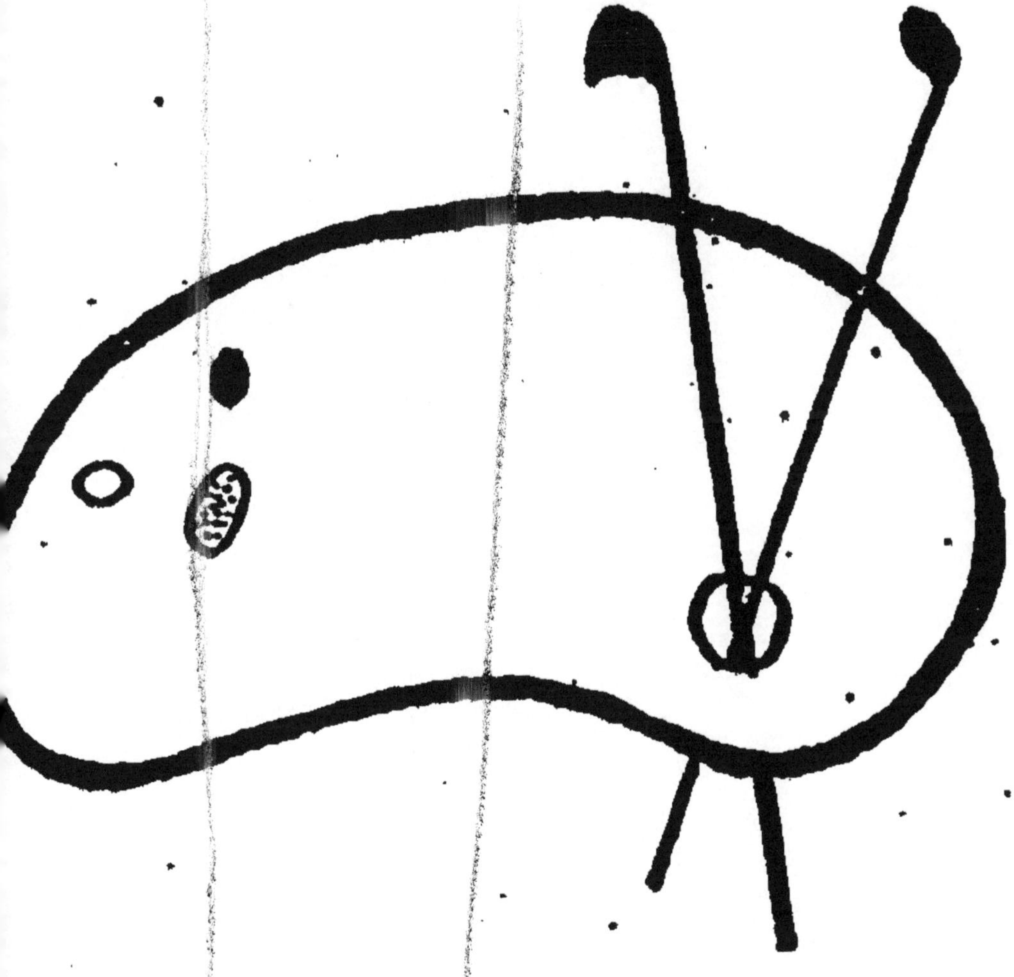

AF474223

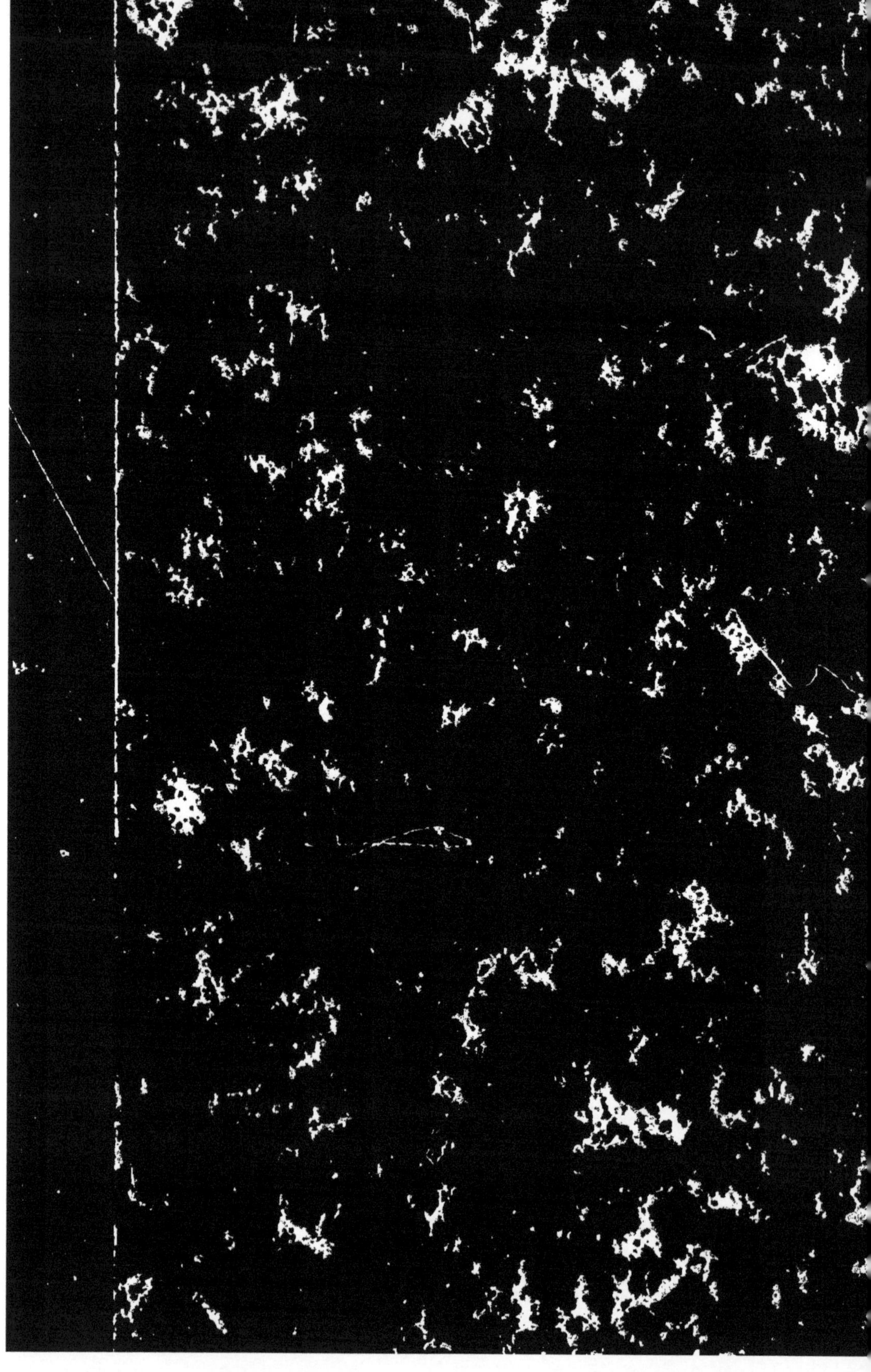

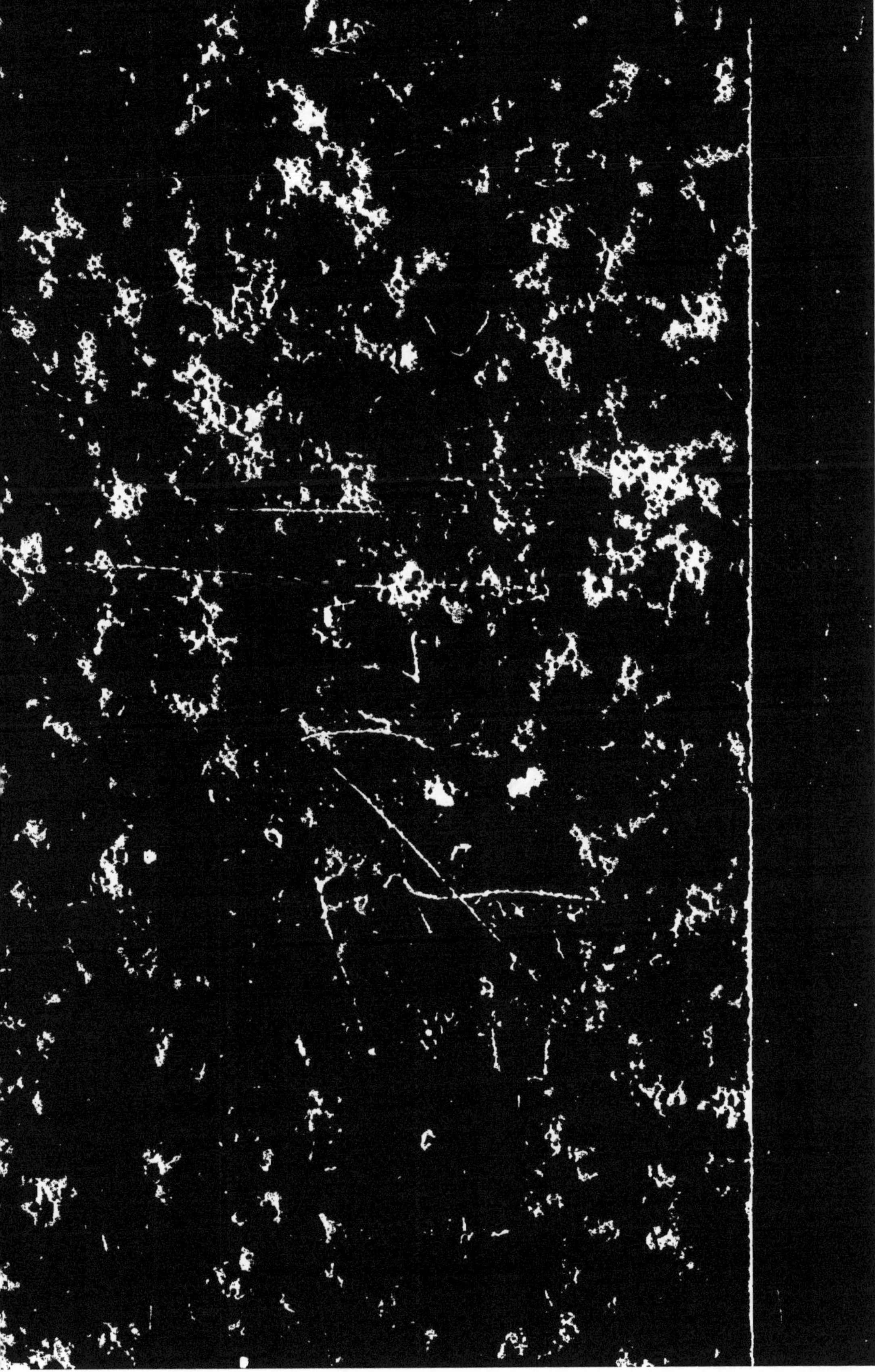

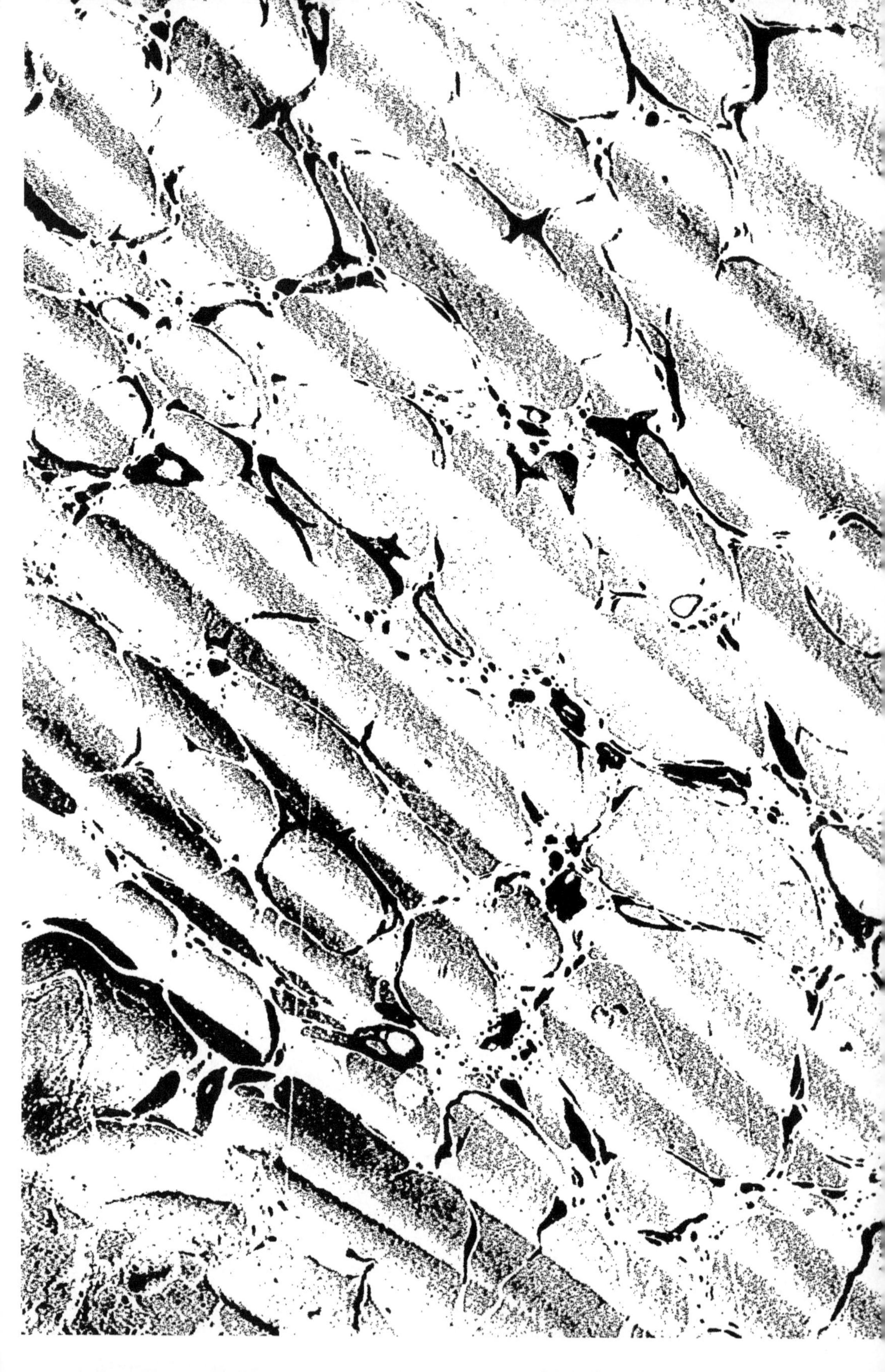

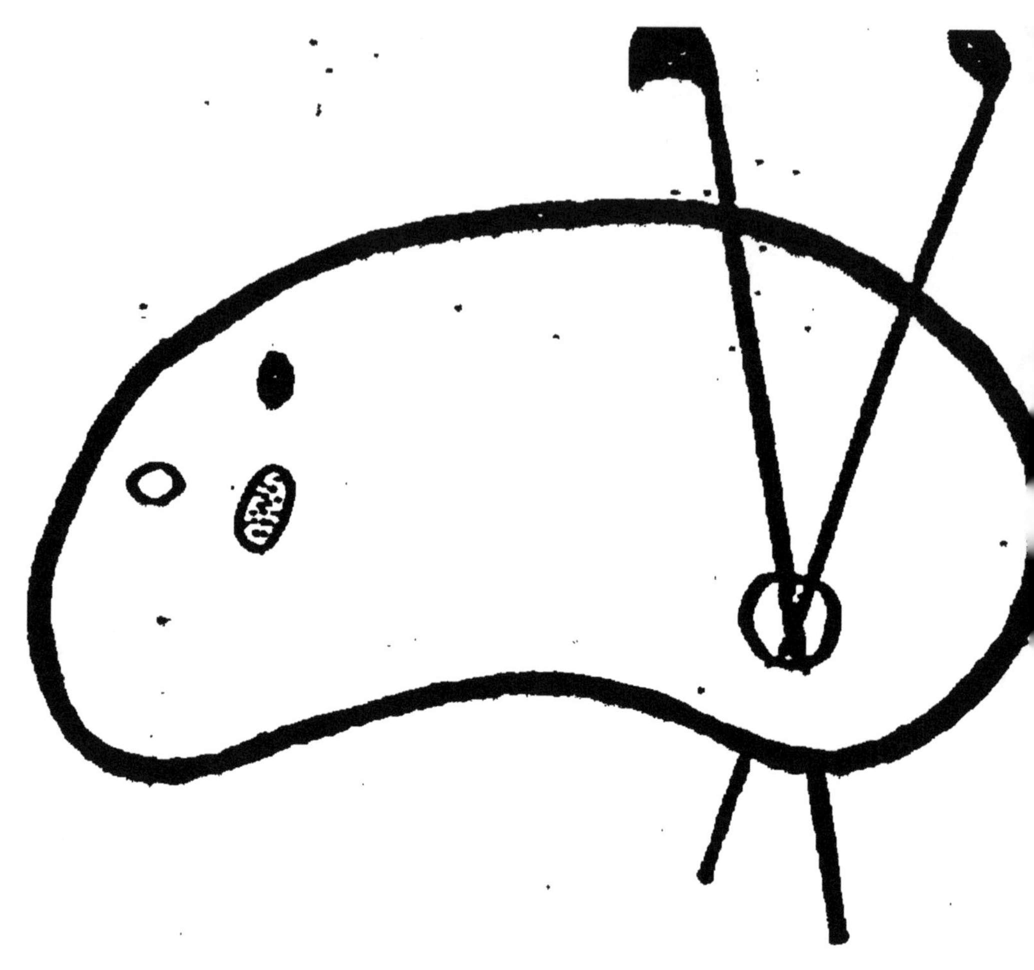

FIN D'UNE SERIE DE DOCUMENTS
EN COULEUR

L'ESPAGNE

EN

1851.

(C)

Typographie Vinchon, rue J.-J. Rousseau, 8.

L'ESPAGNE
EN 1851,

OU

IMPRESSIONS DE VOYAGE D'UN TOURISTE

DANS LES DIVERSES PROVINCES DE CE ROYAUME

PAR

ALEXIS DE GARAUDÉ,

MEMBRE DES CONSERVATOIRES DE FRANCE, D'ITALIE
ET DE PLUSIEURS ACADÉMIES.

Prix : 8 fr.

A PARIS,

CHEZ E. DENTU, LIBRAIRE ÉDITEUR,
PALAIS NATIONAL, GALERIE D'ORLÉANS, 13.

1852.

A. S. R.

Mgr LE DUC DE MONTPENSIER.

AVIS DE L'ÉDITEUR.

Plusieurs *Voyages en Espagne* ont été publiés à des époques plus ou moins anciennes. Les plus complets sont celui de *La Borde* en 1808 et le compact *Hand-Book*, en langue anglaise, de *Murray*, dont une grande partie n'est qu'une longue et injuste diatribe contre les Français, lors de leur conquête de ce royaume par l'armée de *Napoléon*.

Parmi d'autres ouvrages sur le même sujet, les plus modernes datent d'une douzaine d'années et sont écrits très spirituellement par deux hommes de lettres célèbres ; mais souvent ils semblent avoir eu pour but principal le côté plaisant de leur ouvrage qui alors, au lieu d'une description simple et exacte, devient une espèce d'arsenal de bons mots et d'anecdotes plus ou moins divertissantes. Leur relation ne décrit d'ailleurs qu'une partie de l'Espagne : ce qui est insuffisant pour bien faire connaître cette Péninsule. Cependant, il est à regretter que les détails intéressants qui la concernent soient en quelque sorte plus ignorés des Français que ne le sont ceux qui ont rapport à l'Italie, la Suisse, l'Allemagne et autres pays limitrophes de la France!

M. *Alexis de Garaudé*, compositeur de beaucoup d'ouvrages classiques sur l'*art musical* adoptés par l'Institut, l'Université et les Conservatoires, et qui, depuis longtemps, a l'habitude de ce qui concerne les *voyages de plaisir*, a été loin de l'intention d'écrire un ouvrage sérieux et très instructif; mais il a observé avec soin tout ce que l'Espagne pouvait offrir de remarques intéressantes en 1851, et l'exactitude de ses descriptions est telle qu'on pourra se figurer avoir vu soi-même les lieux qui y sont décrits.

Cette relation contenant quelques détails peu connus, ainsi que plusieurs changements survenus depuis un petit nombre d'années, on espère que le lecteur sédentaire, qui ne veut point se dévouer à de longues et fatigantes pérégrinations, sera bien aise d'acquérir une facile connaissance de ce qui reste aujourd'hui de la *Bétique* des Romains, de l'*Ibérie* des Goths, de l'*Espagne* des Maures, que des Rois Espagnols en ont chassés, après une domination de six à sept siècles: ce beau pays ayant été souvent le théâtre de longues et sanglantes guerres, et ayant subi successivement beaucoup de ces révolutions qui changent totalement la face des États, dans tous les pays de l'univers!

TABLE DES MATIÈRES.

Pages.

L'ESPAGNE

EN 1851.

A ALBERT.

LETTRE I.

Introduction ; Orléans ; Châteauroux ; Brives ; Limoges ; Cahors ; Montauban.

Depuis beaucoup d'années, le retour de la belle saison m'a toujours engagé à faire des excursions plus ou moins longues dans les divers départements de la France ou dans les pays étrangers. On double en quelque sorte son existence en visitant de nouvelles contrées qui offrent un autre champ d'observations à nos yeux et à notre esprit ; l'aspect attrayant de paysages variés, de villes inconnues et des monuments qu'elles renferment, des mœurs et coutumes de leurs habitants, remplit agréablement notre mémoire de souvenirs utiles à notre instruction, et répandent un charme consolant sur les vicissitudes de la vie.

Quoique six ou sept voyages en Angleterre aient pleinement satisfait ma curiosité sur les trois royaumes de la Grande-Bretagne, j'avais quelques velléités de visiter la belle exposition de 1851, bazar général des cinq parties du monde; mais j'ai été effrayé du *non confortable* qui semblait devoir m'y attendre, vu la foule immense qui venait se concentrer à Londres, de tous les coins du globe.

J'ai donc cru devoir chercher quelqu'autre but pour mes promenades annuelles d'un millier de lieues; mais le choix m'en semblait assez difficile à fixer. En 1850, j'avais visité toute l'Allemagne, la Prusse, la Hollande et la Belgique; et, peu de temps avant, j'avais parcouru la Suisse et la moitié de l'Italie avec *Zélia*, à laquelle j'aurais cependant désiré vivement faire connaître le reste de cette charmante contrée qui rappelle tant d'intéressants souvenirs historiques, et qui devrait être toujours la patrie douce et tranquille des Beaux Arts! Mais hélas! les événements politiques, les résultats affreux des guerres civiles, l'esprit fiévreux et cruel des révolutions ont brisé pour longtemps ce doux calme et cette sécurité que recherchent les touristes, dont l'imagination poétique est si éloignée de la turbulence démagogique ! Les huit grandes et belles Capitales de ce charmant pays ont été récemment souillées par les criminels résultats des passions les plus violentes de la partie vicieuse de ce peuple qui devrait s'estimer trop heureux de vivre dans cette riante Italie ! Il n'était donc guère possible de songer maintenant à y faire un *voyage d'agrément*. On serait cruellement désappointé en y recherchant ce genre de vie artistique si agréable, dont on y jouissait paisiblement il y a peu d'années !...

L'Espagne (que je ne connaissais que par un voyage fait, il y a quelques années, à Barcelonne, où Mme *de Garaudé* a donné deux concerts, et par la lecture de beaucoup d'ouvrages sur son histoire, ainsi que par des Voyages plus ou moins anciens de ma nombreuse bibliothèque) paraissait jouir maintenant d'une tranquille sécurité. L'époque actuelle me semblait donc bien choisie pour visiter ce royaume avec plaisir et avec fruit ; et, dès le mois de mars 1851, je mis à exécution le plan d'un voyage en Espagne à peu près complet, en parcourant ses diverses provinces, et me résignant à tous les inconvénients de divers genres que je pourrais éprouver dans une tournée d'environ 12 à 1500 lieues, entreprise avec une jeune femme.

Quel que soit l'attrait d'un nouveau voyage, ce n'est pas sans regret ni même sans quelque appréhension qu'on quitte sa famille, ses amis, son pays et un appartement commode, pour se livrer aux fatigues et quelquefois aux dangers qui peuvent amener la circonstance hasardeuse de ne les revoir jamais! Cependant ces mélancoliques impressions s'effacent bientôt par la variété des objets qui passent successivement devant les yeux comme une lanterne magique. L'imagination est vive et rapide; mais les chemins de fer le sont presque autant.

Zélia, depuis longtemps fidèle compagne de mes voyages, se résigne d'avance à souffrir tous les nombreux inconvénients de mes longues tournées, et elle a acquis la courageuse habitude d'affronter toutes les fatigues et désagréments des voies locomotives, telles que hemins de fer, diligences et autres mauvais véhicules, bateaux à vapeur sur mer et sur fleuves, chevaux, etc. ; tout, en un mot, excepté les ballons que nous emploierons sans doute lorsqu'on sera parvenu enfin à pouvoir arpenter les airs, en les dirigeant sur Naples ou Pétersbourg, à volonté.

C'est donc avec beaucoup de vélocité que nous avons quitté les rives de la Seine pour celles de la Loire. Ce fleuve, déjà fort large à *Orléans*, concourt à y activer le commerce de ses vins, qui, après ceux de Baugency, ont le privilége d'humecter le gosier des pauvres employés d'administration et des petits rentiers qui sont obligés de se refuser le Bourgogne et le Bordeaux. Outre les tours gothiques de sa Cathédrale et le magnifique pont précédé d'une belle rue et d'un quai d'une grande étendue, Orléans vient de payer loyalement une ancienne dette de reconnaissance par l'érection d'une belle statue à *Jeanne d'Arc*, sa libératrice, de laquelle, comme Lorrain, je suis tout fier d'être le compatriote !

Deux heures après nous étions à *Châteauroux*, ville assez triste, malgré une espèce de boulevart planté d'arbres qui sert de promenade, le dimanche, aux bons bourgeois du pays. Le Préfet, qui y a sa résidence, devrait s'y ennuyer beaucoup si la répression de la basse classe démagogique n'occupait point souvent ses loisirs administratifs.

Après avoir joui de l'agrément de passer une première nuit, entassés à six dans l'intérieur d'une diligence, nous avons atteint *Limoges* le lendemain matin. Une partie de cette ville se compose de rues escarpées et peu récréantes; cependant la promenade des *Arènes*, que Molière a immortalisée, est agréable. Depuis longtemps, on n'y rencontre plus de *Pourceaugnac;* on dit même que les Limousins sont devenus un peu mystificateurs.

A partir de Limoges, la campagne a un aspect bien misérable! Beaucoup de terres incultes parmi les nombreuses montagnes à monter et à descendre sans cesse; quelques champs de blé noir, seule nourriture des pauvres habitants, outre la bouillie de farine de châtaignes; des enfants déguenillés qui poursuivent les voitures en demandant l'aumône : telles sont les récréations du touriste! Je ne suis donc point étonné qu'on dise que c'est le pays de la France où les émigrations sont les plus nombreuses! Ses habitants se répandent de tous côtés, pour chercher quelque amélioration à leur triste sort en se faisant commissionnaires, porteurs d'eau, marchands de parapluies, concurremment avec leurs voisins, les Auvergnats.

Brives-la-Gaillarde était autrefois une petite ville fortifiée qui a soutenu plusieurs siéges, et qui a donné naissance au fils d'un pauvre apothicaire. Cet humble rejeton, qui avait sans doute une grande antipathie pour les instruments lénitifs de son père, s'est dévoué à une carrière plus élevée. A force d'intrigues et de patience résignée à souffrir tous les genres d'humiliation, il est parvenu à faire un grand chemin politique, sous le nom du cardinal *Dubois*.

Aujourd'hui, grâce à la munificence d'un de ses concitoyens, qui lui a légué 200,000 fr., Brives est devenue une petite ville agréable, ses remparts formidables sont changés en une jolie promenade, et plusieurs établissements utiles y ont été fondés.

Cahors n'est guère célèbre que par son vin capiteux, qui exige vingt-cinq ans de bouteille pour être bu comme vin d'entremets.

Montauban est plus agréablement situé sur le Tarn, rivière encaissée et souvent bourbeuse. Il y a de la société ; les familles qui la composent sont protestantes en grande partie ; il en est de même à Albi, dont les guerres de religion attestent de sanglants souvenirs ! Quoique ces deux villes soient voisines de Toulouse, où règne un catholicisme superstitieux, leurs habitants sont toujours fidèles à leurs anciennes croyances ; mais notre siècle est devenu tellement tolérant que M. de Cheverus qui a été évêque de Montauban s'y promenait souvent avec le ministre protestant.

LETTRE II.

Toulouse ; Canal du Midi ; Castelnaudary ; Carcassonne ; Perpignan.

Excepté l'inconvénient d'un maudit pavé composé de cailloux pointus, et de beaucoup de rues étroites et tortueuses, *Toulouse* est un séjour charmant! Sa population est de 100,000 habitants, et son commerce est étendu et prospère, grâce à la facilité de communications due au canal du Midi et à la Garonne, qui, par un beau pont, sépare la ville du faubourg Saint-Cyprien, habité par de nombreux ouvriers sur lesquels l'esprit révolutionnaire agit quelquefois. La musique a cependant le don d'adoucir les idées de socialisme; car ces ouvriers, dits *grisels*, se réunissent dans les belles soirées pour chanter avec beaucoup d'ensemble, dans les rues et sur les places, la plupart des chœurs de nos Opéras. Un grand nombre de nos meilleurs chanteurs sont nés à Toulouse, où leur première éducation musicale a été faite au Conservatoire de cette ville, d'après les SOLFÈGES et MÉTHODES DE CHANT de ma composition qui y sont adoptés.

Sur une belle place, destinée à faire une jolie promenade au lieu du marché qui s'y tenait, est le Capitole ou hôtel-de-ville. Ce n'est point le *Capitole* des Romains, dans lequel on nourrissait ces oies célèbres qui l'ont sauvé jadis; celui-ci est l'asile honorable de poètes spirituels qui s'y disputent le prix des jeux floraux, institués, il y a plusieurs siècles, par *Clémence Isaure*.

Toulouse est une ville de retraite agréable et économique pour les rentiers dont le revenu est modéré. Les appartements y sont peu chers; le poisson de mer et d'eau douce, le gibier, d'excellents fruits et légumes y sont abondants, et l'hiver y est presque nul. En y ajoutant que les trois quarts du territoire du Languedoc sont plantés en vignes, ce qui y met le vin à très bas prix, on doit penser que Toulouse est un pays de cocagne, d'autant plus agréable à habiter que cette ville offre dans son voisinage de charmantes excursions à faire dans les Pyrénées.

Pour nous reposer des siéges obligés d'une diligence très secouante, nous avons pris la barque du canal du Midi pour nous rendre à Carcassonne. Ce très petit navire étant traîné par deux rosses qui trotillent assez lentement, nous avons eu le loisir d'admirer les bords riants de ce canal qui passe à Castelnaudary, Carcassone, Narbonne, Béziers, et qui, à Cette, relie la Méditerranée à l'Océan ! On parle d'un projet inconsidéré de le supprimer pour y substituer un très dispendieux chemin de fer; mais on espère que le Gouvernement cédera sur ce point aux représentations judicieuses et motivées qui lui ont été faites.

Nous avons traversé de riches campagnes dont le coup d'œil est très varié. Beaucoup de villages parsemés sur les rives sont environnés de champs fertiles, dont la verte végétation est en avance d'un mois sur celle du nord de la France. Ce canal est souvent coupé par de nombreuses écluses qui, par leur haut et leur bas, semblent donner une idée philosophique des positions variables que nous occupons dans la vie de ce bas-monde !

Castelnaudary est une petite ville très ancienne, qui a soutenu beaucoup de siéges à différentes époques. Aujourd'hui son humeur guerrière ne consiste qu'en commerce de melons, de toiles et de grains. Elle est située sur le bord d'un petit lac formé par les eaux du canal, à 32 kilomètres de Carcassonne.

Très désœuvré pendant le long trajet de cette barque, j'ai voulu lier conversation avec quelques gens de la campagne qui étaient sur le tillac; mais j'avais beau écouter, je ne comprenais pas un mot, et je devais déjà me croire arrivé dans des régions lointaines. Je ne sais si le Languedocien est une mère-langue, mais le *charabia* me semble infiniment plus facile !

Carcassonne possède de vieux murs délabrés et quelques ruines de châteaux-forts, qui attestent qu'elle a aussi fourni son contingent à l'histoire de nos guerres méridionales. Une petite promenade sur les bords de l'Aude qui a d'assez beaux quais, la Cathédrale et l'hôtel-de-ville, sont des monuments à visiter.

Perpignan est l'une des sentinelles avancées de la France, dans le cas d'une guerre avec l'Espagne. De bonnes fortifications et sa citadelle assise majestueusement sur une colline, la défendent contre une agression étrangère. L'ancienne bourse et la Cathédrale sont remarquables par leur architecture gothique.

La plupart des villes du Midi sont encore en proie à une superstition qui n'est plus de notre siècle, et nous venons d'en voir un exemple burlesque : c'est une procession du Jeudi-Saint. Beaucoup de bannières et de confréries armées de gros cierges précédaient un grand Christ, dont la croix énorme est ornée de tous les ustensiles de la Passion. Venait ensuite un bataillon de pénitents noirs; leur tête voilée est couverte d'un immense bonnet noir en pain de sucre, tel qu'en portaient les familiers de l'Inquisition. Ils soutenaient sur leurs épaules deux riches échafauds : sur l'un était Jésus-Christ en grand costume, portant sa croix; sur l'autre est la Vierge Marie tout échevelée, pleurant auprès du corps de son fils. Enfin, venait un grand dais, sous lequel un énorme Christ est étendu sur un lit de satin blanc. Ce dais est entouré du clergé et de pénitents noirs, qui hurlent des prières avec des voix fausses à faire frémir !

Il y a vingt-cinq ans, c'était bien pire ! Il y avait une procession de flagellants armés de longs fouets garnis de pointes d'argent. Ils se fouettaient rudement devant les fenêtres de leurs maîtresses, et on arrêtait leur sang en les frottant avec de l'urine !

Aujourd'hui, les amants méridionaux sont sans doute encore très passionnés ; mais ils ne donnent plus de semblables sérénades sous les fenêtres de leurs belles !

LETTRE III.

Les Pyrénées ; Douane de *la Junquiera* ; Figueras ; Gerona ; Mataro.

La veille de notre départ, nous avons acquis agréablement la preuve que, à part la procession, on chante juste à Perpignan. M. *Artus*, professeur de musique à l'école normale, a eu la bonté de nous donner une sérénade de divers morceaux de ma composition, bien chantés par 40 voix de ténors et basses.

Notre entrée en Espagne a été de mauvaise augure ! A la douane espagnole de la *Junquiera*, nos malles avaient été visitées par le chef ; il avait passé sur tout, et nous les refermions déjà, lorsqu'on voulut faire payer six paires de gants neufs, à peu près leur valeur. Alors *Zélia* les distribua en riant à des jeunes gens, nos compagnons de voyage. Les douaniers ne sont point plaisants ; et le chef, entrant dans une orgueilleuse colère, donna l'ordre de vider tout notre bagage, et nous a fait payer 45 fr. pour nos livres, musique de ma composition et autres effets à notre usage personnel, non sujets aux droits! Cette dure leçon doit apprendre qu'il faut se garder de rire devant MM. les douaniers.

Nous avons traversé avec curiosité la chaîne des montagnes des Pyrénées, dont la route est assez belle et offre des points de vue très pittoresques. La Catalogne paraît être fertile et bien cultivée, les villages ont assez bonne apparence, les maisons en étant toutes blanchies et la plupart garnies de balcons. Quant aux routes, elles ne sont aucunement entretenues, surtout depuis *Figueras*, qui est une place forte ainsi que *Gerona*. Cette dernière ville possède une Cathédrale dont le portail, de style greco-romain, est magnifique; on y arrive par un escalier de quatre-vingt-six marches. La ville basse est arrosée par deux rivières : le *Ter* et l'*Ona*, ce qui lui donne un aspect agréable.

Nous avons couché dans un hôtel dont le maître est Italien. On nous avait donné une mauvaise chambre; mais comme j'ai habité longtemps l'Italie dont je parle la langue depuis mon enfance, je suis allé trouver mon *compatriote*, qui, persuadé que j'étais Toscan, m'a de suite donné le meilleur appartement et un souper où le *macaroni*, le *stuffato* et les *polpettes* n'étaient point oubliés. Etant au dessert, nous entendîmes un singulier brouhaha dans la rue, que surmontait la musique tant soit peu barbare d'un fifre et d'une timbale. Courant à la fenêtre, nous y avons vu une procession encore plus bizarre qu'à Perpignan !

La marche s'ouvrait par des guerriers cuirassés et le casque en tête. Suivaient de longues files de confréries, dévotes, enfants, ayant tous un gros cierge (profit du curé), avec une infinité de bannières, croix, échafaudages portés par quatre hommes, sur lesquels se trouvaient, costumés et de grandeur naturelle, *Notre-Dame des Sept-Douleurs*, avec sept épées dans le sein, des martyrs, des christs de toutes les façons, un régiment de pénitents noirs traînant de grosses chaînes de fer; puis le clergé en riches chapes, précédé de flûtes et de serpents jouant faux, et suivi de soldats et d'une foule nombreuse!...

Un Anglais disait près de moi que « c'était du paganisme tout pur ! » On assure que dans les grandes villes d'Espagne ces sortes de représentations burlesques sont encore plus singulières !

Dans notre voyage jusque *Mataro*, la diligence a traversé à gué huit petites rivières sans ponts : ce qui arrête les voitures lorsque les eaux sont un peu plus grosses. La dernière partie de la route cotoie la mer pendant 40 kilomètres. Elle serait très agréable sans les violentes secousses de la diligence qui va extrêmement vite, malgré ces détestables chemins ! Nous galopions à huit chevaux, comme le Roi ; seulement ce n'étaient que huit *mules* vigoureuses et intelligentes ; car, dans les villages, notre très long attelage s'enfilait avec une adresse extraordinaire dans des ruelles étroites remplies de tournants, où des cochers français auraient accroché ou versé ! Ces mules ont chacune leur nom qu'elles comprennent fort bien : la *Carbonera*, la *Pudieres*, la *Léona*, la *Cabrera*, etc. ; et le *mayoral* (conducteur) les interpelle à chaque instant avec un riche accompagnement de coups de fouet. Le *zagal* est un postillon courant presque toujours à pied avec un bâton, dont il n'épargne point l'usage sur ces pauvres bêtes à longues oreilles, qui trottent et galopent pendant 24 ou 36 kilomètres : métier auprès duquel nos chevaux français mènent une vie de chanoine !

Mataro, petit port de mer, a l'honneur d'être le *premier* chemin de fer de l'Espagne, j'allais dire le seul ; mais, depuis six mois, on en a construit un second de 30 kilomètres entre Madrid et Aranjuez. Celui de Mataro à Barcelonne a 50 kilomètres ; il traverse plusieurs villages bâtis sur le bord de la mer, dans lesquels on remarque de jolies maisons de campagne appartenant à des Barcelonniens qui viennent s'y reposer, le dimanche, du tracas ennuyeux des affaires de la semaine.

LETTRE IV.

Barcelonne ; *La Rambla* ; Monjuich ; *La Marina* ; jardins publics de *El General* ; *El Paseo Nuevo.*

Nous connaissions déjà *Barcelonne* : Mme de *Garaudé* y ayant donné deux concerts il y a dix ans. Cette belle ville, que quelques personnes préfèrent à Madrid, tire son nom de son fondateur carthaginois : *Amilcar Barca.* La vue et la position de son port peuvent rivaliser avec celles de Gênes et de Naples. Sa vaste étendue contient toujours un grand nombre de navires étrangers qui rendent très actif le commerce de Barcelonne, dont les habitants sont d'ailleurs très industrieux : ce qui fait dire que cette ville est le *Manchester* de l'Espagne. Sous le rapport des plaisirs, elle peut souvent rappeler Paris.

Parmi ses nombreuses promenades, la plus fréquentée est *la Rambla*, qui a 200 mètres de long sur 14 de large. Elle s'étend depuis la mer jusqu'à la porte de ville opposée, et elle est garnie de chaque côté d'une double rangée d'arbres et d'une rue pour les voitures. On y remarque la façade de deux beaux théâtres : *el Teatro Reggio* et *el Liceo*, dont le personnel et les accessoires ont été portés à une splendeur au-dessus de ce que pouvaient comporter les ressources de Barcelonne; aussi ce dernier théâtre a-t-il été obligé de fermer sans pouvoir payer les appointements des malheureux artistes, dont plusieurs avaient du talent et étaient venus exprès d'Italie, attirés par l'appât d'engagements lucratifs !

Sur la *Rambla*, le nombre des promeneurs qui y aboutissent de toutes les rues voisines est si grand qu'on peut à peine y marcher. Toutes les diverses classes de la société s'y coudoient. Les modes françaises y sont plus suivies que dans toute autre ville d'Espagne. On y rencontre des *señoras* qui ont abandonné la mantille espagnole pour se coiffer d'un chapeau à peu près parisien, des femmes du peuple en madras de couleur voyante, des *caballeros* en manteau bleu relevé sur l'épaule gauche, force ouvriers ou paysans avec le bonnet de laine rouge et la *capa* (manteau) de laine rayée à glands rouges, aussi relevée majestueusement sur l'épaule; enfin, des prêtres en soutane, manteau noir, portant le *sombrero* (grand chapeau à tuile) qui semble multiplier le *Basilio* du *Barbiere*. De chaque côté de cette vivante *Rambla* s'élèvent de jolies maisons, des cafés, des *fondas* (hôtelleries) et un grand marché public. Elle partage inégalement Barcelonne en vieille et nouvelle ville ; cette dernière est beaucoup mieux bâtie; mais n'étant qu'à une lieue de la colline où est situé le fort de *Montjuic* (*Mons Jovis* sous les Romains et *Mons Judoricus* dans le moyen-âge), elle a beaucoup souffert du bombardement que la guerre civile de 1843 a fait subir à cette ville.

Il y a encore trois autres promenades très agréables, mais moins fréquentées maintenant; car, même pour se promener, il y a aussi une mode passagère! La *Marina* ou *muraille de mer* est une belle et large terrasse plantée d'arbres, qui domine la mer et le port, et qui se trouve au bout de la *Rambla*. De cette élévation on aperçoit aussi une partie de la ville, et on plane au-dessus d'une grande place où se trouvent les ruines du couvent de Dominicains, dit l'*Inquisition*.

Au bout de la *Marina*, on descend dans une très belle rue à portiques, qui conduit à une magnifique place où sont situés le palais de la Reine, la Bourse et la Douane, que le bombardement a fort maltraités. Une belle double porte de ville conduit au port et à deux promenades fort agréables, sans compter un très long et beau quai, contre lequel sont amarrés de nombreux navires qui y arrivent de toutes parts. La première de ces promenades est le jardin de *el General*, où une infinité de plates-bandes d'un dessin original offre toutes les variétés possibles de fleurs ; elles sont ombragées par des orangers et des citronniers en pleine terre. De plusieurs bassins où nagent des cygnes s'élèvent des jets d'eau qui rafraîchissent l'air : bienfait qui n'est pas à dédaigner à Barcelonne. Quatre pavillons vitrés ou volières renferment des oiseaux étrangers. Enfin, tout se réunit pour faire de cette jolie promenade un lieu charmant pour causer, lire et même *dormir;* car j'y ai vu des Espagnols qui ronflaient bruyamment, étendus sur les bancs de marbre pour y faire la *siesta.*

L'autre promenade est *el Paseo Nuevo* ou *el Lancastrin,* dont le fondateur fut le duc de *Lancaster.* C'est un carré long d'environ sept cents mètres sur soixante de largeur, ombré d'allées d'arbres impénétrables à l'ardeur du soleil. L'allée principale est garnie de bancs à dossiers, et coupée à intervalles égaux par quatre grands bassins de marbre blanc, dans le milieu desquels se trouvent diverses statues, vases et animaux de bronze qui jettent de l'eau. A l'entour de cette promenade règne une grande allée pour les voitures et les *caballeros* montés sur de superbes chevaux andalous.

Arrivés à Barcelonne à l'époque des fêtes de Pâques, les amusements publics y étaient fort limités. Le Théâtre-Royal et un autre petit, dit *de Gracia*, étaient ouverts; mais on n'y jouait que des mélodrames espagnols, dont les sujets étaient des aventures et combats de brigands, ou des miracles de saints : ce qui nous a fait préférer d'employer toutes nos journées à explorer la ville et les environs.

Les rues du vieux Barcelonne sont généralement laides et encore embarrassées par les ruines des très nombreux couvents dont une partie est démolie et l'autre consacrée à des établissements utiles. Les places *del Palacio, de la Constitucion, del Mar*, sont remarquables.

Barcelonne étant bâtie depuis plus de deux mille ans, à l'époque du paganisme, les temples païens y ont fait place aux églises élevées par les Goths et les Espagnols : ce qui fait que quelques-unes sont d'un style gothique fort bizarre. La *Seu*, Cathédrale, est dans la vieille ville, sur l'emplacement d'un temple de *Jupiter*; son portail n'est point achevé. On y admire les vitraux, les piliers élégants qui soutiennent la voûte, la colonnade du maître-autel et la chapelle souterraine qui contient le corps de sainte *Eulalie*, patronne de Barcelonne, qui fut martyrisée en 304, et qui a fait énormément de miracles! Il paraît que son corps sentait bon ; car, en 878, il fut retrouvé par l'odeur de son parfum; et, en 1339, on le déposa en grande cérémonie dans cette chapelle, en présence de plusieurs Rois, Reines, Cardinaux, etc.

Près de là se trouve la belle église de *Santa-Maria-del-Mar*, ancienne chapelle des Goths ; elle est bâtie dans un style élégant, et l'intérieur est fort riche.

Dans l'église de *San-Miguel*, il y a un pavé blanc et bleu en mosaïque qui représente des tritons et divers sujets de marine : ce qui fait croire que c'était un ancien temple de *Neptune*.

A cette époque des fêtes de Pâques, les églises sont remplies à n'y pouvoir pénétrer ; mais, au dehors, nous jouissions du plaisir d'entendre la grosse caisse et les cimbales de la *banda militare*, mise en réquisition pour toutes les cérémonies religieuses; car ici il n'y a point de grand'messe sans ce tapage de marches, pas redoublés et airs d'opéras. Hier soir, nous sommes cependant parvenus à nous glisser dans une église près de la *Rambla*, où des chanteurs, accompagnés d'un orchestre, nous ont régalés de fragments de chœurs, airs et duos de *Rossini*, *Bellini*, etc., ajustés sur du mauvais latin. Entre chaque fragment, on entendait soit quelques phrases d'un prédicateur en chaire, soit un marmottement général de prières par la nombreuse assemblée qui était à genoux. Chaque peuple a sa façon particulière d'adorer Dieu; cependant, le même culte donne lieu à diverses pratiques religieuses qu'un étranger doit quelquefois trouver singulières! Les Français ont, en général, autant de piété que les Espagnols, mais leur dévotion extérieure est beaucoup plus simple.

Barcelonnette est une espèce de joli faubourg situé sur le port. C'est un carré régulier de petites maisons d'un aspect agréable, qui est divisé en beaucoup de rues droites, coupées en damier. Les habitans, en général, sont des marins. Un grand quai le sépare de la mer.

Gracia, Sarria, Pla et *las Caldas de Montbuy* sont de jolis villages embellis par beaucoup de charmantes habitations de campagne où la population se rend, le dimanche, en omnibus. On remarque aussi de jolies maisons, dites *torres*, ornées de peintures à fresque, situées près de la rivière *Bezos* et du fleuve *Llobregat*.

LETTRE V.

Villafranca del Panades; Arbos; le Mont-Serrat; Tarragone; Reuss; Amposta; Vinaros; Peniscola; Murviedro.

Malgré tout l'attrait d'une résidence plus longue à Barcelonne, nous avions le projet de visiter toute la partie orientale de la Catalogne, et nous nous sommes entassés dans une mauvaise diligence qui allait à *Tarragone*, en quatorze heures, par une route très poussiéreuse, mais qui, côtoyant souvent la mer et traversant une contrée fertile, nous offrait fréquemment d'admirables perspectives.

Villafranca del Panades est une petite ville de 6,000 habitants, bien déchue de sa grandeur passée; car, fondée par *Amilcar*, elle fut le premier établissement des Carthaginois en Espagne. Les Maures l'occupèrent jusqu'au XIe siècle. Aujourd'hui, cette ville n'a à montrer que ses murailles délabrées, sa haute tour du beffroi couronnée d'un ange de bronze, et sa promenade de la *Rambla* au petit pied.

Avant d'arriver au bourg d'*Arbos*, on aperçoit les immenses rochers coniques du *Mont-Serrat* qui s'élève à 1000 mètres au-dessus de la mer. Le riche couvent des Bénédictins qui était, il y a quarante ans, un très bel édifice avec cloîtres, jardins et promenades, ne présente plus maintenant qu'un amas de désolantes ruines!

Tarragone est aussi une ville de bien ancienne date. Fondée par les Phéniciens comme établissement maritime de commerce, elle fut prise successivement par les Romains, les Goths, les Maures, les Espagnols, et les Français en 1813. Sa population, qui se montait à un million sous les Romains, se réduit aujourd'hui à 12,000 habitants. On y remarque encore, ainsi que dans les environs, beaucoup de ruines antiques, telles que le palais d'*Auguste*, le tombeau des *Scipions*, l'aqueduc dit *le Pont du Diable*, les murs cyclopéens qui se voient près du *quartel de Pilatos*, etc.

On remarque à Tarragone la large et belle

rue de la *Rambla*, la magnifique promenade des remparts, l'*Almacen de Artilleria*, près duquel (et aussi en d'autres endroits) on peut lire sur les murailles quantité d'inscriptions romaines ; ce qui peut faire dire *que ces murailles parlent latin.*

Tarragone a un mauvais port sur la Méditerranée; son môle a été construit dans le XVe siècle avec les ruines du bel amphithéâtre des Romains, objet de regret pour les amateurs d'antiquités.

De Tarragone on va en une heure, en omnibus, à *Reuss,* ville moderne, absolument différente de sa voisine par l'animation de son commerce; 27,000 habitans y logent dans d'assez jolies maisons, et peuvent se promener dans onze places, en se rafraîchissant à treize fontaines.

200 kilomètres d'une route peu intéressante et presque toujours sur les bords de la mer séparent Tarragone de Valence. *Amposta*, petit port de mer, ne m'a semblé remarquable que par un très mauvais dîner tout espagnol, et des nuées de mosquites qu'heureusement les demoi-

selles de la *Posada* (dont les bras étaient couverts de longues mitaines et les oreilles chargées de grosses et lourdes boucles Mauresques) chassaient avec de grands *abanicos* (éventails), en nous procurant un peu de fraîcheur si nécessaire dans ce climat brûlant.

Vinaroz, autre petit port de 10,000 habitants, mérite d'être noté sur les tablettes du voyageur gourmand. D'excellentes lamproies et un bel esturgeon figuraient honorablement dans notre bon dîner.

On dit que *Peníscola* est un petit Gibraltar en miniature. En effet, elle est bâtie sur un roc escarpé de 35 mètres qui forme promontoire.

Murviedro était l'ancienne *Sagonte* fondée par les Grecs, et dont les Romains avaient fait l'une de leurs principales cités; elle fut détruite par *Annibal*. La mer s'en est retirée depuis beaucoup de siècles, et les 6,200 Espagnols qui l'habitent gémissent obscurément, en se rappelant les diverses époques de gloire de leurs ancêtres.

———

LETTRE VI.

Valence, son aspect, ses églises; *la Huerta*; promenades; théâtre.

Nous nous réjouissions d'arriver à Valence, si vantée par son beau climat si fertile et par sa situation florissante sous les Maures, grâce à leurs travaux d'irrigation dont les Espagnols ont profité. Cette ville de 120,000 habitants fut conquise par le Cid en 1094; mais, huit ans après, elle retomba sous la domination des Maures. L'extérieur est infiniment plus agréable que l'intérieur, car ses rues mal pavées sont tortueuses, étroites et multipliées comme dans un labyrinthe; elles sont cependant propres, quoiqu'un peu poussiéreuses, le milieu étant une terre battue. On n'y voit aucun luxe dans les magasins ni même dans les maisons riches : le très grand luxe étant réservé pour les églises, dont l'intérieur est vraiment splendide! La Cathédrale *el Sol*, bâtie sur l'emplacement d'un temple de *Diane*, est presque revêtue de marbres rares de diverses couleurs, de sculptures, dorures et tableaux de grands peintres espagnols. Nous avons eu le courage de faire l'ascension de la tour, garnie de douze cloches, du haut de laquelle on jouit d'un panorama magnifique, d'une grande étendue ! On y admire, outre la ville et ses promenades, l'immense *huerta* ou vergers continuels qui entourent Valence dans un horizon de 25 à 35 kilomètres, dont les limites sont de hautes montagnes, la mer et le lac d'*Albufera*, qui a donné son nom à l'un de nos maréchaux de France. Ce lac, quoiqu'éloigné de 30 kilomètres, est très fréquenté par les Valenciens, qui vont y faire des parties de plaisir et des promenades nautiques. Cette *huerta* est une espèce de forêt d'orangers, de citronniers, de mûriers, de grenadiers, d'oliviers, et elle produit en outre une espèce de fruit sucré très économique pour la nourriture des chevaux, qui le mangent au lieu de foin et d'avoine. On y compte près de deux cents villages où règne l'aisance, et on y voit une infinité de maisons de personnes riches ou de laboureurs, qui ont des champs de blé ou de riz à l'entour de leur habitation.

La ville, entourée de vieux murs et de tours à créneaux, a, près de ses portes, de jolies promenades où abondent les roses, les œillets et les arbres étrangers; elles se nomment la *Gloriella*, *los Serranos* et le *Portosero*. Le beau monde y circule de cinq à huit heures; quelques carrosses s'y montrent, mais presque tous les habitants aisés ont leur *tartana* à deux roues. A l'extérieur, c'est une espèce de voiture de blanchisseur, rarement suspendue, mais dont l'intérieur est plus ou moins confortable; six ou huit personnes peuvent s'y asseoir sur deux bancs parallèles, comme dans nos omnibus. Deux glaces sur le devant, une sur le derrière, un cocher assis sur le brancard, conduisant un seul cheval, tel est cet équipage généralement adopté dont la dépense revient au propriétaire à trente sous par jour. L'obligeance des bons et polis Valenciens auxquels nous étions recommandés nous en ont fait faire usage plusieurs fois pour aller au théâtre ou à la campagne; et, bien qu'un peu cahotante, ce genre de voiture est commode. Nous ne pouvons être trop sensibles au bon accueil que nous ont fait mes correspondants et leurs amis, ainsi qu'à la complaisance qu'ils ont eue de nous montrer pendant plusieurs jours toutes les curiosités de la ville. La *Loge* ou Bourse de la soie est très remarquable par son architecture gothique; la grande salle est entourée de colonnes torses d'une rare élégance. On y donne des bals masqués pendant le carnaval; mais, dans le reste de l'année, elle contient une immense quantité d'écheveaux de soie d'un jaune brillant. Les salles des tribunaux sont ornées de portraits de la Reine et de célèbres Espagnols, et de rideaux de damas ainsi que de très beaux tapis fabriqués à Valence; car cette ville est l'une des plus industrieuses de l'Espagne.

Nous avons aussi visité les belles églises de Sainte-Catherine, Saint-Jean, Saint-Martin, Saint-Nicolas et autres fort riches en statues, chaires, autels de marbres les plus rares, orgues magnifiques, colonnes torses, arceaux de voûte d'une architecture Mauresque. Toutes ces églises ont leurs chanoines au camail de soie, leurs curés, etc., tous florissants de santé et d'embonpoint.

Notre banquier, *el señor* L***, a donné une *tertulia* (assemblée) en notre honneur, où Zélia a été entendue avec beaucoup de plaisir. Des chansons andalouses auxquelles une dame de la société a su donner un cachet original; quelques morceaux de Piano bien exécutés ont rendu cette soirée fort agréable.

La salle de spectacle a peu d'apparence; néanmoins, elle est grande et commode. Toutes les loges en sont louées à l'année par la noblesse et le haut commerce du pays. Dans la *Beatrice di Tenda*, nous avons entendu la *Viladini, prima donna* qui a une taille à pouvoir être admise dans les grenadiers de la garde royale, et dont la voix est à l'avenant. Dans la *Linda*, nous avons entendu avec plaisir la *Dabedeille*, qui autrefois a eu le premier prix dans ma classe, au Conservatoire. Sa voix est un *mezzo soprano* étendu dont le son est agréable et ne *tremblotte* jamais, comme beaucoup de nos modernes cantatrices. Elle a joué et chanté avec un grand talent, et elle s'est montrée fort reconnaissante des deux ou trois ans de leçons que je lui ai données. Cette fois, au lieu d'une loge, nous étions placés au premier parquet, dans une *luneta*, qu'on ne place point sur le nez, mais dans un endroit beaucoup plus bas. C'est un siége assez commode qui a la prétention de viser au fauteuil.

L'opéra italien alterne avec la comédie espagnole ou le vaudeville. La plupart des pièces qu'on y joue ont été traduites de notre répertoire français; mais on y met souvent un autre titre, en se gardant bien d'en indiquer l'auteur.

Ces soirées dramatiques se terminent toujours par un *baile nacional* qui se distingue moins par l'intérêt du sujet et par l'élégance des pas que par la hauteur des sauts et la rapidité des mouvements et des pirouettes des danseurs, dont les poses sont parfois plus que singulières!

Hier, nous avons visité l'ancien jardin des Capucins, acheté, il y a douze ans, par un riche négociant, grand amateur d'horticulture, de fleurs et plantes rares. Il a plusieurs jardiniers de diverses nations, à la tête desquels est placé un Français qui, pendant sept ans, a été l'un des jardiniers de notre Jardin-des-Plantes, et qui connaît très bien le latin botanique, lequel a beaucoup d'analogie avec le latin de cuisine. Les nombreuses serres de ce jardin offrent une riche et immense collection de plantes et de fleurs exotiques.

Le même négociant possède aussi, près de son grand jardin (où l'on voit encore des volières remplies d'oiseaux étrangers, des grottes où se trouvent des simulacres d'ermites, de brigands, etc.), une manufacture toute particulière à Valence. Ce sont des carreaux d'une faïence imitant la porcelaine (*azulejos*), de 18 centim. carrés, de divers dessins et couleurs, ou représentant toutes sortes de fleurs. On s'en sert soit pour les planchers des appartements, ce qui leur donne de l'élégance et de la fraîcheur, soit pour les appliquer aux murs en guise de papiers peints.

LETTRE VII.

Valence; fête de saint Vincent Ferrer; processions; cuisine espagnole; costumes; plaisirs.

Depuis hier soir, le canon tonne sur les remparts; nous pensions qu'il s'agissait de quelque grand événement! En effet, c'est aujourd'hui la fête du patron de Valence : *saint Vincent Ferrer*. Ce n'est point cette bonne pâte de saint, nommé *saint Vincent de Paul*, qui recueillait les enfants de l'amour; celui-ci était un brave Dominicain, membre de la Sainte-Inquisition, et qui passait agréablement son temps en faisant torturer et brûler les hérétiques! Dans l'église de son ancienne paroisse, nous venons d'admirer dix-sept personnages en cire, costumés, et de grandeur naturelle, qui représentent le baptême de ce grand saint. On y voit l'enfant, la nourrice, le curé, le suisse, le parrain, la marraine, le Roi, la Reine, etc.; et comme ce spectacle est gratis, il y a grande foule pour en jouir. Dans une chapelle voisine on voit le berceau en satin cramoisi de saint Vincent, qu'une mécanique fait bercer.

Il y a cependant une concurrence près de là. Dans une rue qu'on a bouchée exprès s'élève un théâtre où, dans une pièce qui tient du mélodrame et qui dure plusieurs heures, on voit le même saint Vincent, qui est devenu grand, en costume de Dominicain, faisant tous ses miracles, les uns après les autres, accompagné de nombreux acolytes qui l'assistent dans cette farce religieuse! Après chaque miracle, un corps de musique militaire prie Dieu et son saint à grands coups de grosse caisse. Il y a eu, ce matin, une grande procession en son honneur, à laquelle nous avons assisté. Les chanoines de la Cathédrale y promènent la statue de saint Vincent, en argent massif. Un nombreux clergé et beaucoup de confréries défilent à travers toutes ces petites rues tortueuses : ce qui est très bizarre!

Les ruines de la maison de ce grand saint

existent encore, et son ancien puits est, le jour de sa fête, le but d'un pieux pèlerinage. Les dévotes y font queue, à genoux, pour boire de cette eau sainte autant que leur estomac peut en contenir; elles sont persuadées que c'est un grand acheminement vers le paradis!

Valence est une ville de plaisirs, et les soirées s'y écoulent agréablement en promenades, spectacles et concerts. La nuit, on parcourt les rues avec sécurité, des *serenos*, munis de lanternes attachées à de longues piques, y faisant l'office de nos sergents de ville.

Ce matin, à sept heures, nos deux amis sont venus nous prendre en tartane, et nous ont donné un déjeuner espagnol, au joli *Jardin des Fraises*, qui est un rendez-vous fashionable très fréquenté par la société. Il est entendu que les fraisiers y sont en abondance, ainsi que les orangers, citronniers et palmiers en pleine terre. Des tables y sont préparées en divers endroits du jardin, et, malgré cette heure matinale, beaucoup étaient déjà occupées. El señor M*** a offert à Zélia un charmant bouquet monstre de 70 centimètres de haut, et d'un arrangement rempli de goût. Si, comme je le crois, on en jette de semblables aux cantatrices et danseuses de théâtre, elles courent risque d'en être assommées!

La cuisine espagnole a peu d'attrait pour les Français; cependant elle vaut mieux que sa mauvaise réputation. Le potage est invariablement suivi du *puchero* ou *olla podrida* qui a servi à faire le bouillon. C'est un mélange de bœuf, mouton, saucisson, et *garbanzos*, gros pois jaunes et durs qui résonnent dans l'assiette. Zélia en raffole, mais je me garde bien d'en manger, réservant mon appétit pour du poisson frais, du gibier (duquel la chasse n'est jamais défendue), et quelques bons plats de sucrerie dont l'origine remonte aux noces de *Gamache*. Les asperges montent de suite dans ce brûlant climat, et les petits pois y sont fort rares. La pâtisserie y est dans l'enfance, mais on se rattrape sur les oranges, lesquelles, mangées ici à leur véritable point de maturité, sont infiniment meilleures que celles qu'on envoie, par cargaison, mûrir à Paris, à la grâce de Dieu.

Les excursions dans les environs de Valence

donnent lieu à diverses observations. Le costume des paysans est en partie asiatique et africain. Ils sont coiffés d'un foulard de couleur voyante, souvent recouvert d'un petit chapeau à bords retroussés et garnis de houpettes et de clinquant. Leurs caleçons (*calces de travela*) sont de toile blanche, et leur chaussure consiste en sandales de cordes (*espardinies*). Sur l'épaule gauche ils portent avec fierté la *monta*, large écharpe de laine de diverses couleurs. Ils sont d'une haute stature, et leur aspect a quelque chose de majestueux, que des voyageurs de mauvaise humeur prétendent être féroce ; ils disent même qu'ils sont vindicatifs, perfides et cruels. Quant à moi, je les ai toujours trouvés polis et complaisants pour répondre à mes nombreuses questions.

On dit que l'opulente noblesse de Valence est très fière du nombre plus ou moins grand de siècles qui se sont écoulés depuis l'anoblissement de ses ancêtres, et qu'elle se divise en trois classes qui se lient peu entre elles, et qui se nomment le *sang jaune*, le *sang bleu* et le *sang rouge*.

Les Valenciennes ont une grande activité, et on prétend qu'elles gouvernent leurs maris. Elles sont très attrayantes par leurs beaux cheveux relevés avec une grosse épingle d'or et un grand peigne à galerie. Leur teint est moins basané que celui des hommes; leur sourire est doux mais mélancolique, et si, en parlant de leurs époux, on dit que Valence est *un paraiso habitado por demonios* (un paradis habité par des démons), elles ne peuvent y tenir leur place que comme des anges. Du reste, les Maures disaient « que le territoire de Valence était un « morceau du paradis tombé sur terre ! »

Comme tout ce qui vient du ciel ne peut être que bienfaisant, le doux climat de Valence est extrêmement salutaire aux santés délabrées et aux poitrines faibles; on assure même qu'il est très préférable au séjour d'Italie.

Hors de l'une des portes Mauresques de Valence se trouvent les *Jardins de la Reine*, qui sont entourés de murailles à hautes charmilles. Celles-ci ne sont autre chose que de grands orangers taillés en espaliers, qui portent à la fois la fleur, l'orange verte et l'orange mûre. Les palmiers, les haies de roses, les parterres de fleurs y abondent. Au milieu de ce beau jardin est une petite montagne, d'où l'on découvre la riche *huerta* qui environne la ville.

Dans une autre direction, nous avons aussi profité de billets pour voir les beaux jardins de deux riches particuliers. L'un est terminé par un petit bois (chose rare en Espagne!) où se trouvent des arbres superbes, entre autres des pins dont trois hommes ne pourraient embrasser le contour. Nous avons visité le grand établissement du Jardin-des-Plantes, duquel le jardinier en chef n'est autre que celui de notre *Jardin-d'Hiver*, que de belles offres ont déterminé à se fixer à Valence, dont le climat concourt à la multiplicité des arbres et plantes rares!

Valence a près de ses antiques murailles une belle rivière, la *Turia*, qu'on passe sur cinq beaux ponts; mais on pourrait aussi bien la traverser sans se mouiller les pieds, car il n'y a pas une goutte d'eau, quoique le lit de la rivière soit très large! La rareté des pluies y contribue sans doute; mais la cause principale est que cette immense *huerta* n'est si productive que par l'arrosement si bien ménagé qui est conduit dans chaque terrain par des milliers de petits canaux. L'eau qui y est introduite provient d'un barrage de la rivière, 8 ou 10 kilomètres au-dessus de Valence. Au lieu de couler inutilement pendant l'été, elle donne de la vie à cette belle végétation qu'on admire ; mais il faut en laisser l'honneur aux Maures, qui avaient poussé si loin l'art de l'irrigation ! Si les Arabes n'eussent point conquis l'Espagne, comme *Napoléon* l'Italie, ces deux beaux pays ne seraient pas aujourd'hui si florissants. A quelque chose malheur est bon !

Sur les cartes géographiques, le nom de Valence est écrit dans la mer : ce qui ferait supposer que c'est un port, mais la mer en est distante de 4 kilomètres ; elle ne vient qu'à *Groã*, joli bourg où on prend les bains de mer, et où beaucoup de Valenciens ont leur maison de campagne. Les navires n'en peuvent approcher qu'à près de 2 kilomètres, et même, lorsque le temps est mauvais, cet abord est très dangereux. Dans les voyages où l'on veut débarquer et retourner au navire, on est rudement rançonné par les bateliers du pays.

Le peuple aime avec passion toute sorte de plaisirs, surtout le chant et la danse. La société philharmonique vient de prier Mme *de Garaudé* de choisir un jour pour s'y faire entendre; mais notre départ nous a empêchés d'accepter cette gracieuse invitation.

LETTRE VIII.

Alicante; palais du Marquis d'Angolfa; Elche; Orihuela; Murcie; Tolana; Lorca; Carthagène; son arsenal; *los presidios.*

Nous nous sommes embarqués sur le beau bateau à vapeur *el Primo-Gaditano.* La mer était très houleuse, et le canot qui nous a conduits à bord dansait alternativement sur le sommet et la profondeur des vagues. Cette pauvre Zélia a richement payé son tribut à Neptune, et, seul, j'ai pu faire un excellent déjeuner.

Nous avions une recommandation particulière pour le capitaine; par un surcroît de bonheur il était musicien et il y avait un bon piano dans le salon. Le soir, malgré ses salutations à la mer d'Espagne, Zélia a pu chanter quelques morceaux qui ont fait grand plaisir aux nombreux passagers de toutes nations.

Le lendemain matin nous étions à *Alicante*, que je ne connaissais que par son vin si renommé pour les estomacs débiles, et que j'ai trouvé assez mauvais dans l'hôtel où nous sommes descendus.

Vue de la baie spacieuse près de laquelle elle est bâtie et qui a contenu des escadres considérables, cette ville présente l'aspect le plus triste et le plus sauvage! On n'aperçoit d'abord que son château, véritable nid d'aigle, perché sur un énorme rocher entouré de montagnes arides et jaunâtres.

Les caroubiers et les oliviers au sale feuillage y abondent; ce qui n'en rend point l'aspect plus gai.

Un ami de nos amis de Valence nous a fait voir tout ce qu'il y a de curieux à Alicante. Ce sont l'*Ayutamiento* (Hôtel-de-Ville) avec ses deux *miradores* (tours élevées), dont la façade offre un joli coup d'œil; la Collégiale, riche en peintures et sculptures, dont le cloître est dans le style Mauresque; la *alameda*, promenade d'allées garnies d'arbres, et le théâtre qui, quoique assez petit, a de l'élégance par les dorures de ses loges. Les *lunetas* du parquet sont en maroquin rouge.

Nous avons aussi visité le palais du marquis d'*Angolfa*, dont l'extérieur fort simple ne peut faire deviner les beautés qu'il contient. C'est une espèce de Musée que les touristes visitent avec plaisir. Les murailles du grand escalier sont couvertes de tableaux, et une suite d'une vingtaine de salons bien décorés en contient un grand nombre, parmi lesquels il s'en trouve plusieurs de maîtres en réputation. La disposition de ces appartements, leur mobilier nombreux et original attestent le bon goût de leur riche propriétaire.

Il y a aussi à Alicante, comme dans toutes les villes d'Espagne, une *plaza de los toros* qui peut contenir 8,000 spectateurs. Cette arène de combat contient : loges, gradins, écuries et une petite chapelle avec Saint-Sacrement, afin de l'administrer de suite à ceux qui sont blessés mortellement par le taureau, quoique le pauvre animal expie bien vite ce crime en étant tué par le *matador* ou *espada*.

Pour varier les incidents de notre voyage et ayant très peu de bagages, nous louâmes des mules à Alicante pour satisfaire notre empressement d'arriver près de cette belle Andalousie dont on raconte tant de choses merveilleuses! Cette monture douce, parce qu'elle est fort lente, est préférable à de mauvaises voitures, puisqu'il ne pleut pas dans ce pays qui ressemble déjà à l'Afrique; d'ailleurs on n'y perd aucun point de vue: ce qui est précieux pour le touriste.

A 16 kilomètres d'Alicante se trouve *Elche*, ville de 18,000 habitants, entourée de beaucoup de palmiers, des feuilles desquels on fait des envois en Espagne et en Italie pour la fête du dimanche des Rameaux. On s'y croirait en Orient en regardant ses maisons rougeâtres, d'un style Mauresque, avec leurs toits en terrasses et quelques étroites fenêtres.

Cinq heures après, nous étions à *Orihuela*, dont les 26,000 habitants peuvent se promener dans de charmantes *alamedas* et des champs fertiles où se trouve une forêt de palmiers. Un beau pont y traverse la *Segura*, qui se jette dans la mer 8 kilomètres plus loin.

Une *sierra* (montagne) sépare Orihuela de *Murcie*, capitale de l'ancien royaume de ce nom. Cette ville, construite par les Maures, sur les ruines de la *Murgie* des Romains, est d'un aspect assez maussade, quoique les campagnes qui l'environnent soient une *huerta* fertile et agréable. Les rues étroites sont bordées de maisons jaunes, quelquefois décorées d'armoiries qui en désignent le noble propriétaire.

Une route fatigante, souvent impraticable aux voitures, conduit de Murcie à Grenade; mais nous avons préféré réserver pour plus tard notre voyage en cette ville, et nous rendre à Carthagène par *Totana*, quartier général des *Gitanos* ou Bohémiens du royaume de Murcie, dont le costume bigarré est très original, et où ce peuple errant semble s'être fixé. Dans aucun pays de l'Espagne la végétation n'y est plus luxuriante en énormes aloès, tournesols, palmiers et de très hauts roseaux.

Quelques lieues plus loin se trouve *Lorca*, ville fortifiée, de 22,000 habitants, que les Maures regardaient comme « la clef de la

Murcie. » L'*alameda* qui borde la rivière est une promenade agréable.

Carthagène, fondée par *Asdrubal*, est une ville triste et malsaine, presque ruinée par l'incurie du gouvernement espagnol. Son port est un des meilleurs de l'Europe; et, si l'Espagne avait une marine, ce devrait être un second *Brest* ou *Portsmouth!* Il y a cependant, *en nom*, une École de Marine et un très vaste arsenal; mais la négligence qui laisse tout dépérir semble avoir établi son siége dans cette malheureuse ville, qui devrait être l'une des plus opulentes de l'Espagne!

Le petit golfe au fond duquel se trouve Carthagène, dont l'aspect est si peu riant, est environné de montagnes hérissées de fortifications. Ses rues (excepté *la calle mayor*, dont beaucoup de maisons sont ornées de marbre rouge) sont attristées davantage par des grilles aux fenêtres, derrière lesquelles on aperçoit quelques jolies femmes qui ne demandent pas mieux que de se faire voir.

L'arsenal maritime serait un établissement magnifique si.....! Sa corderie, son atelier de voilure et autres salles immenses l'emporteraient même sur *Toulon* et *Brest* si ce qu'on y fabrique était employé avec activité et intelligence; cependant, dans les bassins de construction, je n'y ai vu que les carcasses de deux bricks commencés depuis bien longtemps!

Près de l'arsenal se trouvent *los presidios*, bagne où 800 galériens attendent, pour la plupart, leur départ pour *Ceuta*, en Afrique. Ils sont assez bien vêtus d'une veste et d'un pantalon de laine châtain clair. C'était le moment du dîner : ils formaient le carré autour d'une vaste cour ; divers coups de tambour les ont fait former en ronds de douze. Au milieu de ce cercle il y avait un baquet rempli de *garbanzos* nageant dans une espèce de bouillon; chacun d'eux y plongeait tour à tour sa cuillère de bois, en nous regardant avec une figure sinistre et patibulaire! Cette dégradation de l'humanité, quoiqu'elle soit une bien juste répression du crime, fait réellement mal à voir! ... A côté de cette cour est une grande salle d'école avec force crucifix, où on leur apprend à lire, à écrire et ce qui peut entrer dans leur tête sur la morale et la religion. Au premier étage sont les dortoirs, moins affreux que ceux de nos bagnes. Chaque galérien attache à un clou du mur une natte de jonc renfermant un mince matelas et un oreiller de paille. Près de là est l'infirmerie, où les malades sont couchés dans un lit passable.

Nous nous sommes rembarqués dans un bateau à vapeur pour continuer notre voyage en longeant la côte jusqu'à Malaga. Lorsqu'on ne souffre pas du mal de mer, les touristes qui ont peu de temps à donner à leurs excursions préfèrent cette manière de voyager. On part d'une ville vers trois ou quatre heures, on dîne à cinq heures à une excellente table d'hôte, on se promène sur le tillac en causant avec des passagers de toutes les nations, dont les relations de voyage sont souvent curieuses; vient ensuite l'heure du sommeil, assez rare dans ces *boîtes à lit* de 65 centimètres de large, superposées l'une sur l'autre dans le salon qui sert de dortoir général. Enfin, à sept ou huit heures du matin, le navire fait escale dans le port d'une nouvelle ville, dont on a le temps de visiter les monuments et les curiosités, en déjeûnant à terre.

LETTRE IX.

Almeria; Malaga, sa Cathédrale; danses espagnoles; costumes andalous.

L'Espagne ayant été subjuguée successivement par les Carthaginois, les Romains, les Goths et les Espagnols, il en résulte que chaque ville a reçu plusieurs noms à diverses époques. *Almeria* est le *Portus Magnus* des anciens et le *Meryath* des Arabes. Encore une ville dont la faux du temps a moissonné la grandeur! En voyant son état actuel on ne se douterait guère qu'un poète arabe disait que « c'est une terre où les pierres sont des perles, la poussière de l'or et les jardins un paradis! » Les restes du château Mauresque qui domine la ville s'appellent *l'Alcazaba*. La Cathédrale a une riche façade corinthienne. Du temps des Maures, Alméria était l'une des villes les plus opulentes de l'Espagne par les produits de ses manufactures, dont elle faisait un commerce considérable avec l'Italie et l'Orient. Aujourd'hui, ses marchandises sont des sparteries de jonc et de la soude : ce qui est bien différent.

Le lendemain, nous arrivâmes à *Malaga*, célèbre par son vin délicieux et ses beaux raisins secs. Cette ville, fondée par les Phéniciens, a une population commerçante de 80,000 habitants. L'hiver y est inconnu, et il n'y a peut-être pas six cheminées dans la ville; aussi beaucoup de personnes qui souffrent de la poitrine viennent y passer la mauvaise saison, de préférence à Nice, à Pise et même à Valence. Il y pleut très rarement, mais cependant plus qu'à Carthagène et à Alicante, où, depuis deux ans, il n'est pas tombé une goutte d'eau !

Lorsque notre navire eut jeté l'ancre, nous avons été assaillis, comme à l'ordinaire, par une foule de bateliers qui s'emparent du bagage pour se le distribuer en nombre quadruple de porteurs qui seraient nécessaires, et rançonnent le voyageur en conséquence.

Malaga, vue de la mer, se développe agréablement le long de montagnes, paravent naturel qui la garantit des vents et du froid. En débarquant sur un beau quai, on arrive de suite sur l'*alameda*, belle promenade avec une jolie fontaine et des bancs de marbre, entourée de deux rues où l'on remarque de fort belles maisons.

Nos principales recommandations étaient pour M. le comte D***, Consul de France, et M. M***, riche banquier français. Tous deux nous ont comblés des attentions les plus délicates et nous ont promenés en voiture dans la ville et ses environs. Nous avons admiré plusieurs vallons remplis d'orangers, de citronniers, de cactus, d'aloès gigantesques, de seigle, et de ces gros raisins de Malaga dont la préparation ne consiste qu'à les laisser sécher au soleil. On y cultive la canne à sucre et toutes les productions de l'Afrique et des Antilles. Le papyrus, l'arbre de corail, les palmiers, les oliviers sauvages, les astragales, les grenadiers y croissent en plein champ. Nous sommes revenus en suivant les bords de la mer, et après avoir fait le tour de son vaste et excellent port, ainsi que de l'*alameda*, on nous a conduits dans une *tertulia* agréable, pour y entendre chanter *Zélia*.

Il y a sur une éminence un vieux château des Maures qui tombe en ruines, mais qui est cependant la demeure peu récréante d'un commandant supérieur.

Le plus beau monument de Malaga est sa Cathédrale qui, de la mer, domine l'aspect de la ville, et qui a été bâtie en 1717, sur les ruines d'une mosquée. Le portail, quoique réunissant le mélange de divers genres d'architecture, offrirait un coup d'œil imposant si la place de l'Évêché, sur laquelle il est construit, n'était point aussi restreinte. L'intérieur est vaste; le pavé est en carreaux de marbre rouge et blanc, et les voûtes de la nef sont d'une grande élévation. Il est entendu que chacune de ses riches chapelles est consacrée à quelque grand saint plus ou moins inconnu, mais faisant toujours des miracles attestés par de mauvais tableaux suspendus aux murs. Ainsi que je l'ai déjà remarqué, dans toutes les villes d'Espagne, le chœur, enrichi de stalles et de boiseries très bien sculptées, se trouve placé au milieu de la nef et indépendant du maître-autel : ce qui détruit l'effet du coup d'œil général.

Les costumes andalous se remarquent déjà ici. Les hommes du peuple portent un petit chapeau de feutre noir, orné de trois pompons, dont les bords sont retroussés de 10 centimètres : ce qui les fait ressembler à un four de campagne. Leur veste ronde a des manches brodées en soie de diverses couleurs, et le dos est souvent orné d'un grand pot de fleurs rouge ou vert; elle se ferme avec des aiguillettes d'argent. Ils portent des culottes garnies sur le côté de deux rangs de boutons de métal, et des espèces de guêtres lacées, en cuir jaune, avec des sandales de cordes tressées, dites *espardinies*.

Les femmes, qui sont jolies quoiqu'un peu brunes, sont bien coiffées en cheveux avec la *mantilla* (voile) de rigueur, et de longues épingles à grosses têtes de perle, sans oublier l'*abanico* auquel elles ont su donner un langage intelligible (tel que celui des fleurs en Orient) pour exprimer ce qu'elles peuvent ressentir d'amour, de jalousie, de dédain et d'impatience.

A la fin du printemps, on donne ici le spectacle le plus cher aux Espagnols : *la corrida de los toros* (combat de taureaux). En attendant, un petit théâtre (où l'on joue l'opéra italien pendant l'hiver) régale les Malaguenais de comédies, vaudevilles, et de *bailes nacionales.* Ce qui nous y a semblé le plus original, c'est la *Malaguena,* danse locale de ce pays. Le *caballero* se promène en dansant et aperçoit bientôt une jolie *señora* dont la figure est cachée par la *mantilla* et l'*abanico* qu'elle manie avec grâce et coquetterie. Le danseur a recours alors aux grands moyens; on entend des castagnettes sous son manteau, et la dame, ne pouvant résister à cette musique chérie des Espagnols, jette sa mantille et son éventail; le cavalier en fait autant de sa *capa,* et tous deux se livrent alternativement à cette agilité surprenante, à ces poses renversées d'une mollesse lascive, à ces regards passionnés qui constituent la danse espagnole!

LETTRE X.

Malaga ; meurtre sur l'alaméda ; campagnes des environs.

La nature semble avoir tout fait pour que le peuple qui habite ce pays y jouisse tranquillement d'une douce aisance, achetée par fort peu de travaux. Toutes les productions de la terre y viennent presque sans culture, et les habitants peu riches devraient offrir le tableau de quelques vertus patriarcales. Malheureusement, il n'en est pas ainsi ! Au sang bouillant de l'Afrique, les Malaguenais joignent beaucoup de paresse et souvent de funestes penchants pour le crime qui se développent en vols et en assassinats ! L'un des faubourgs très populeux de cette ville a le triste privilége de compter beaucoup de ces malfaiteurs parmi les *majos* et *contrabandistos* qui l'habitent aussi ; et, trop souvent, de cruels événements viennent interrompre la somnolence du *dolce far niente.*

Avant-hier, à sept heures du soir, nous nous

promenions à l'*alameda*, qui était remplie de monde, lorsque des cris perçants se firent entendre de l'une des maisons voisines. Cinq voleurs s'étaient introduits chez un riche négociant, marié depuis trois ans, et dont la famille était absente. Dangereusement blessé de trois coups de poignard pendant qu'il leur ouvrait sa caisse, il s'était précipité vers la fenêtre en enfonçant les vitres pour crier au secours ! Un carabinier qui a arrêté l'un des voleurs a aussi reçu un coup de poignard. Ces vols et ces meurtres sont assez communs dans cette province de Malaga, dont la basse classe n'a ni foi ni loi, malgré les riches simulacres de religion qui y pullulent. La justice y est lente, obscure et impuissante ; car on prétend que les juges timorés relâchent beaucoup de brigands, de crainte d'être assassinés eux-mêmes par les très nombreux amis et parents des coupables ! On dit ici que ces cinq voleurs, qui sont allés en prison de l'air le plus insouciant, ne seront point condamnés, quoique tous les commerçants réunis aient adressé une pétition au gouvernement, relativement à la sûreté publique !

Parmi d'autres faits du même genre, je citerai encore le suivant, qui s'est passé il y a trois semaines. Un des plus riches négociants avait placé sa fille unique dans le meilleur pensionnat de la ville; un jour, il s'y présenta une femme assez bien mise, disant qu'elle venait chercher cette demoiselle, âgée de neuf ans, de la part de sa mère, afin que la couturière lui essayât une robe neuve. La maîtresse de pension trouva cela un peu louche, et fit venir la petite fille, qui dit ne point connaître cette femme et refusa d'aller avec elle. On a su que le projet était de l'enlever, de la conduire dans les montagnes et de demander aux parents 5,000 piastres pour sa rançon ! .... Les mœurs de la basse classe des habitants de cette partie de la côte sont d'autant plus odieuses que le moindre travail dans ce pays si fertile y donne les moyens de vivre avec une certaine aisance.

Avant-hier, M. M*** nous a conduits à sa maison de campagne, située agréablement à mi-côte. Sa calèche, attelée de deux beaux chevaux andalous à longue queue, nous a fait suivre une singulière route : c'est le lit de la *Guadalmedina*, rivière ou torrent absolument à sec et fort raboteux. Cette maison de plaisance était un ancien couvent, rebâti avec beaucoup de goût. De plusieurs appartements dont les points de vue sont différents, des vitraux rouges, bleus, jaunes et verts, font voir tour à tour la ville, la campagne et la mer, sous diverses teintes, qui leur donnent l'aspect d'un soleil brûlant, d'un hiver nébuleux, d'un clair de lune, etc. Plusieurs terrasses garnies de fleurs, beaucoup d'arbres exotiques en feraient une habitation charmante si..... on osait l'habiter !..... mais on serait bientôt volé et assassiné !

Nos grandes réunions musicales jouent de malheur. Notre aimable Consul avait arrangé pour ce soir une *tertulia* suivie d'un phénomène en Espagne, c'est-à-dire un souper (car ordinairement ces soirées se terminent sans l'apparition d'un simple verre d'eau sucrée), mais la maladie subite de son oncle y a mis obstacle; cependant, nous y dînons demain avec le capitaine de l'*Elbe*, bateau à vapeur français, auquel il veut nous recommander.

Parmi nos connaissances se trouve *el señor*

M***, maître de chapelle de la Cathédrale. C'est un bon prêtre, dont le chef est orné de cet énorme *sombrero* à la Basile. Il nous a conduits chez un négociant, amateur de musique. Parmi une trentaine de personnes qui ont applaudi *Zélia*, une seule parlait français; mais, m'étant adonné sérieusement, depuis trois mois, à l'étude de l'espagnol, et y étant aidé par mon habitude des langues italiennes et latines, je puis maintenant écrire et soutenir une conversation dans le langage de ce pays.

J'ai mes entrées au *Casino*, très beau cercle sur le port, au coin de l'*alaméda*. En y jouissant d'une vue magnifique, on y lit les journaux de tous les pays; et, à neuf jours de distance, je sais ce qui se passe dans notre belle France.

Nous sommes d'ailleurs très confortablement à notre hôtel d'*Oriente*, qui appartient au même propriétaire, excellent cuisinier, dit-on, qui dirige le superbe hôtel voisin de l'*alaméda*.

Celui qui confectionne nos bons dîners est un petit bonhomme de 14 ans, neveu du précédent. On assure que le cher oncle lui a inculqué l'art culinaire avec de fréquents coups de pied appliqués dans cet endroit *où le Rhin perd son nom.* La table étant excellente, c'est un exemple *frappant* de ce que peuvent produire les bonnes leçons !

LETTRE XI.

Gibraltar; population cosmopolite; République des singes; fortifications imprenables; bal au milieu des canons; la pointe d'Europe; Algesiras.

Tu sais, mon ami, combien je suis passionné pour les voyages ! Tu ne seras donc pas étonné d'apprendre que j'ai quitté précipitamment l'Espagne pour l'Angleterre. J'étais un peu las de dire : *Buenos dias tenga Usted*, et je me mourais d'envie de dire : *How do you do?* J'ai donc pris terre en Angleterre, où j'ai revu avec plaisir les uniformes rouges, les maisons de briques avec leurs fenêtres en guillotine, les singuliers chapeaux de femme à voiles verts, les *streets* et les *squares* de la ville, où les enseignes en anglais des magasins ne me laissaient aucun doute d'être partis de la péninsule espagnole. En effet, *Gibraltar* est une ville aussi anglaise qu'aucune *city* des trois Royaumes-Unis. Cependant, à cette population anglaise, il faut ajouter un grand nombre de Maures au teint plus que basané et portant des cabans qui ont dû être blancs autrefois; de jolies Juives au manteau écarlate bordé de velours noir; leurs sales époux qui trafiquent en gros et en détail de toute espèce de marchandises et font la contrebande; des nègres avec un riche costume turc, qui semblent de véritables *Otello,* et des Mahométans au large turban et au maintien grave et sérieux. On parle ici autant de langues que dans la tour de Babel ! Malgré ce mélange de peuples d'une condition différente, la police est si bien faite à Gibraltar qu'on pourrait, dit-on, laisser sa clef sur la porte sans crainte d'être volé.

Cette singulière ville est bâtie au pied d'un immense rocher d'une hauteur considérable, dont un côté est à pic sur la mer. Les Anglais, fort décidés à ne jamais se dessaisir de cette riche proie espagnole, l'ont rendue imprenable par une surabondance de fortifications et une double et triple enceinte de murailles richement garnies de batteries formidables ! Le rocher contient, à toutes ces différentes hauteurs, des canons qui dominent tous les points de la mer et qui pulvériseraient les flottes qui oseraient y tenter une attaque. Il est entendu que de nombreuses sentinelles sont éparses de tous côtés, jour et nuit, pour donner le signal d'alarme, s'il y avait lieu, et que toutes les précautions imaginables ont été prises avec soin.

Il est rare et difficile de pouvoir obtenir du gouverneur une permission pour visiter les fortifications; cependant, notre Consul et notre banquier m'ont facilité le moyen d'entreprendre de grimper une douzaine de rampes longues et rapides qui, à mon grand essoufflement, nous ont amenés au sommet du rocher. De là, un panorama de 160 kilomètres se déploie sur les deux mers, les côtes d'Afrique, *Tanger*, *Ceuta*, *Algésiras*, et l'endroit où l'on prétend qu'existaient les colonnes d'*Hercule*, ce qui n'est pas bien certain !

Le *signal*, où flotte le léopard du drapeau anglais, est un corps-de-garde placé en haut de la double arète de la *Montagne des Singes*. Ces messieurs, les plus anciens habitants de Gibraltar, habitent ces deux pentes escarpées, qui sont remplies de palmiers nains, d'arbrisseaux étrangers et de petites cavernes où ils se cachent pendant le jour. La nuit, ils parcourent cette montagne en véritables propriétaires, et ils descendent jusqu'aux vergers, près de la mer, pour y voler les fruits : ce dont ils s'acquittent avec une merveilleuse promptitude et dextérité. Ils sont plus d'un millier, et on dit que, par respect pour leur ancienneté d'habitation, il est défendu de les détruire. Ils vivent absolument en République rouge et sociale. Tous nos démocrates enragés et sanguinaires devraient bien aller s'y réfugier !

Après avoir vu la tour *Ohara*, nous avons visité *Saint-Georges Hall*. C'est une très grande salle ou caverne taillée dans le roc, où le gouverneur a donné un bal, il y a deux ans; elle conduit à de nombreuses galeries aussi creusées dans le rocher : le tout orné d'une prodigieuse quantité de canons, qui sans doute faisaient les contrebasses de l'orchestre du grand bal.

A mi-côte est un vieux palais des rois Maures, dont les murailles et les tours sont encore bien conservées. Enfin, nous sommes retournés près du *signal*, où était enchaîné un gros singe qui devait probablement parler anglais; et, par beaucoup de détours dans la montagne, propriété de ses compatriotes, nous sommes descendus à la *Pointe d'Europe*, charmant village, où les fashionnables de Gibraltar ont de très jolies maisons de campagne sur le bord de la mer. Nous y avons fait un copieux déjeuner: notre appétit étant très stimulé par une course de trois heures sous un soleil africain.

De cette Pointe d'Europe à Gibraltar il y a 2 kilomètres, qui font une délicieuse promenade, la route étant bordée de chaque côté par un double *paseo* rempli de fleurs et d'arbres exotiques, à cinquante pas de la mer.

Un petit bateau à vapeur conduit en une demi-heure à *Algésiras*, le *portus Albus* des Romains et l'*Ile Verte* des Maures, quoique cette ville, d'ailleurs agréable, soit située en terre ferme. Ses 16,000 habitants jouissent d'une *alameda* et d'une nationale *plaza de los Toros*, ainsi que toute autre bonne ville espagnole. On y remarque aussi une belle place entourée de colonnades et de bancs commodes, au milieu de laquelle est une fontaine surmontée par un obélisque.

De retour à Gibraltar, nous avons de nouveau parcouru ses rues et ses places, où règne la propreté anglaise, et dont les magasins sont garnis du résultat de la contrebande de tous les pays. On n'y est point assailli comme en Espagne par une foule de mendiants! Nous avons ensuite visité diverses curiosités: le palais du gouverneur, dont le jardin sert de promenade publique; le grand port, toujours rempli de navires de toutes nations; la chapelle catholique, le temple protestant, les synagogues et la salle de spectacle.

Enfin, nous y avons fait un véritable dîner de Londres, avec *roast-beef, venison, plumpudding, cakes, chester, porter* et *ale*, le tout sans serviettes, selon l'usage britannique.

LETTRE XII.

Cadix, son aspect; *casino Gaditano;* Tertulias.

L'Océan et la Méditerranée sont deux époux maritimes qui se querellent bien souvent et se repoussent mutuellement en s'appliquant des *gifles conjugales,* qui se traduisent par un affreux roulis qui fait danser les navires, au grand désagrément des touristes peu marins. Je ne sais s'il s'agissait de *Scotichs* ou de *Redowas*, mais je sais que la dernière nuit a été terrible pour les passagers peu familiers avec les récréations fréquentes dont on jouit en arpentant l'empire de Neptune. Heureusement je suis à peu près aguerri contre le balancement tumultueux des vagues, et cinq jours passés sur mer ne m'ont procuré qu'un excellent appétit. *Zélia* en a été quitte pour se coucher bien vite dans la chambre des dames. Cependant, elle commence à avoir le pied marin; ce qui est consolant et d'un bon augure pour le petit voyage au Japon que je médite pour l'année prochaine.

Étant en mer, à quelques lieues de *Cadix*, cette ville, située au bout d'une presqu'île rocheuse, apparaît avec sa ligne de maisons blanches comme l'ivoire. Elle doit encore sa fondation et sa première prospérité aux Phéniciens et aux Romains. Tour à tour ruinée et enrichie par les Goths, les Maures, la découverte du Nouveau-Monde et la perte des colonies, les Espagnols la comparent aujourd'hui à *una taza de plata* (un plat d'argent). J'ignore si elle fait maintenant des affaires *d'or ;* mais la blancheur de ses édifices, la propreté de ses rues et de ses maisons ornées de balcons verts et de toits en terrasse, qui sont de délicieux belvédères, des places bien carrées, garnies de bancs ombragés, sa belle *alameda*, en font la plus jolie ville d'Espagne !

C'est d'ailleurs une cité purement commerciale, où les beaux-arts ne peuvent élire domicile, car de mauvais plaisants disent : que les *lettres de change y sont les belles lettres !* Je ne suis pour rien dans cette diatribe, sans doute injuste, car dans les nombreuses et aimables connaissances que j'ai faites à Cadix, la plupart étaient loin d'être étrangères aux sciences et aux arts.

Nos journées se passent ici fort agréablement dans la société de notre banquier, dont la femme possède un talent supérieur sur le piano, et des Consuls de France et de Russie; ils ont des familles charmantes, surtout le dernier, dont les filles, nées en Espagne, sont d'une majestueuse beauté, et possèdent un talent distingué comme peintres et musiciennes. La famille M***, si complaisante pour nous promener dans tous les coins de Cadix, ayant perdu sa fortune, trouve le moyen de réparer cette perte dans le courageux talent de l'une de ses *señoritas* qui a une bonne clientèle d'élèves pour le piano. Un riche négociant, M. D***, grand amateur de musique, a eu le dévouement d'organiser et de tenir lui-même une classe nombreuse pour laquelle il a fait venir mes *ouvrages classiques* pour cet enseignement.

Sur la charmante place *San-Antonio* se trouve le *casino Gaditano*, l'un des plus beaux cercles que j'aie vus, par le nombre de ses salles richement meublées. Son *patio*, ou cour de marbre, est entouré de colonnades, sous lesquelles sont de grands canapés pour faire la sieste. L'entresol se compose, outre la galerie ornée de statues et de tableaux, de salons de jeu et de billards ronds espagnols. Le premier étage contient plusieurs beaux salons de conversation, où l'on donne des fêtes; ensuite on passe dans un salon de lecture où les journaux de tous les pays vous apprennent, dans toutes les langues, ce qui se fait à Paris, à Londres, à Vienne, à Saint-Pétersbourg, en Amérique, etc. Il y a un bon restaurateur attaché à l'établissement, et tout s'y réunit pour qu'on y trouve le confortable au premier degré.

On y racontait un désappointement assez risible : il y a quelques jours, on devait lancer à la *Carraja*, arsenal maritime et petit port de construction à 8 kilomètres d'ici, une frégate à vapeur. Trois mille curieux qui voulaient assister à cette cérémonie étaient partis de Cadix par un bateau qui arrivait à onze heures, la frégate devant être lancée dans la mer à midi et demi. Le gouverneur donnait un grand déjeuner, à dix heures et demie, à la haute société venue pour cette circonstance solennelle. Or, il est arrivé que la frégate, déjà débarrassée des principaux madriers qui la fixaient, et pavoisée d'un grand nombre de drapeaux qui, agités par le vent, faisaient l'effet de voiles, a tout rompu pendant le déjeûner, et s'est précipitée seule dans la mer, sans autre témoin qu'un soldat qui est venu faire part au gouverneur de ce lancement impromptu ! Celui-ci est allé exhaler son mécontentement furieux à l'état-major du port, et il en a été pour les frais de son beau repas, et les curieux, pour leur promenade inutile !

Hier, notre banquier nous a donné une brillante *tertulia*, suivie (chose bien rare en Espagne) d'un ambigu où le vin de Xérès n'était point épargné. Parmi les morceaux de chant du concert, nous avons entendu avec plaisir une jolie *señorita* de Mexico, qui dit très bien les chansons andalouses. Ce sont de jolis petits morceaux dont les paroles sont souvent un peu plus que gaies, et qu'il faut dire avec beaucoup d'*entrain*. Elle a appris à chanter au Mexique avec ma *Méthode de chant*, œuvre 40, qui est répandue en Amérique, ainsi que mes *Solfèges*.

Chez nos Consuls, nous avons fait la connaissance d'une Princesse russe fort riche, dont les manières sont simples et affables, malgré son rang et sa fortune. Quoique d'un certain âge, c'est une touriste des plus déterminées ; et, depuis cinq ans, elle parcourt l'Europe, en compagnie d'une dame italienne et d'un grand valet de chambre russe qui est fort intelligent et dévoué à sa maîtresse. Celle-ci emploie quinze heures de ses journées à visiter tout ce qu'il y a de curieux, bravant les mauvais temps et les chemins périlleux, voyageant de toutes les manières, courant les montagnes à dos de mulet et lassant ses intrépides compagnons de voyage ! C'est un bel exemple à suivre par les touristes bourgeois qui aiment à prendre leurs aises !

L'intérieur des maisons de Cadix est très agréable. Le *patio* et les galeries des étages supérieurs sont remplis de caisses de fleurs rares et de tableaux. Le premier étage a presque toujours trois salons contigus richement meublés, où l'on donne des bals et des concerts. Tout cela est *à notre disposition;* car l'une des phrases de la politesse espagnole est que, si l'on fait l'éloge d'une chose quelconque, on vous répond toujours : *a la disposicion de usted.* Il y avait à notre dernière *tertulia* une très jolie jeune mariée. Je dis à son heureux époux combien je la trouvais belle; et il me semble, qu'emporté par l'habitude, il m'a aussi répondu par la phrase banale précédente, que personne d'ailleurs n'ose prendre à la lettre.

LETTRE XIII.

Cadix ; *alameda ;* muraille de mer ; deux Cathédrales ; combats de taureaux.

Par sa position avantageuse près des deux mers, le port de Cadix est en relations directes avec tous ceux de l'Europe et de l'Amérique ; aussi est-il constamment rempli de 5 à 600 vaisseaux chargés de riches productions. Parmi celles de l'industrie manufacturée dans cette ville si commerçante, on y exporte de très jolis tapis de sparteries de jonc et un grand nombre de Guitares, quoique ce pauvre instrument soit généralement délaissé ailleurs pour le Piano et la Harpe, moins portatifs, mais infiniment plus complets. Il y a aussi d'assez beaux magasins, *calle ancha* (rue large), mais leurs principaux articles viennent presque tous de la France.

L'*alameda* est une jolie promenade le long de la *muraille de mer*, qui est aussi une promenade-rempart qui fait le tour de la ville, et d'où l'on a une grande variété de points de vue. Le grand nombre de ses bancs suffit à peine pour la quantité de promeneurs qui se croisent chaque soir dans ses allées garnies de fleurs. Dans l'un des bouts, on admire un beau portique en marbre, surmonté de statues; mais on critique le portail de l'église *del Carmen* qu'on voit un peu plus loin. Près de là se trouvent aussi les jolies places verdoyantes de l'*Hôpital* et de *Mina*. Cette dernière est charmante et bien ombragée.

Si à Madrid, grande capitale d'un Royaume archi-catholique, on est étonné de n'y point trouver de Cathédrale, à Cadix les dévots sont charmés d'en posséder deux : *la vieja y la nueva* (la vieille et la nouvelle). La première, fort mesquine, fut détruite en partie durant un siége; la seconde doit son élévation à la munificence de son évêque, au milieu du siècle dernier; mais d'énormes tas de grosses pierres attestent que son portail n'est point terminé. L'intérieur de la nef contient de belles et massives colonnes. Cette Cathédrale a trois nefs, et l'on dit que son achèvement coûterait plusieurs millions.

Dans ce quartier, se trouvent *la plaza del Mar*, vivante image de la turbulence du bas peuple de Cadix, *la puerta de Terra* (la porte de Terre) qui conduit au port sur lequel on remarque deux belles colonnes; l'Hôtel-de-Ville, le faubourg des *Gitanos* (Bohémiens) et des nègres, et le grand cirque où se donnent les combats de taureaux. De tous les genres de plaisirs les plus vifs pour un Espagnol, celui-ci est certes le plus bruyant et le plus animé.

Une pompeuse affiche nous annonçait une très belle *corrida*, et je n'avais garde de manquer à ce spectacle nouveau pour moi.

9 à 10,000 spectateurs de tout sexe et de tout rang étaient entassés sur vingt-cinq gradins circulaires, laissant au milieu une vaste arène sablée. Près de nos places était la tribune de l'*alcade presidente;* devant son fauteuil était son grand cordon bleu de l'ordre de *Charles III* et la *clef des taureaux* qu'il jette à la *prima espada*, lorsque celui-ci vient le saluer à la tête de son petit bataillon de *piccadores*, *chulos*, *banderillos*, très richement costumés en soie et satin de diverses couleurs, avec de brillantes pail-

lettes. Ils sont suivis de deux attelages de mules caparaçonnées avec des harnais de laine rouge, garnis de plumets, pompons et drapeaux espagnols, sans oublier le bruyant concert de gros grelots.

Cette procession terminée, on ouvre la porte au premier taureau qui se précipite avec une furie mêlée d'étonnement dans l'enceinte, où il est accueilli par un beuglement de 8,000 voix. Il se jette bientôt sur les *piccadores* armés d'une longue lance dont le fer très court ne tarde pas à laisser des traces sanglantes sur son cou. Ceux-ci sont montés sur de malheureux chevaux qui ont les yeux bandés, mais qui flairent assez leur ennemi mortel pour ne l'approcher qu'avec beaucoup de répugnance ! Le taureau, après avoir labouré le sable, se précipite, tête baissée, sur le craintif Bucéphale, et enfonce ses grandes cornes pointues dans le poitrail du pauvre animal qui bientôt tombe avec son cavalier. Celui-ci, dont les jambes et le corps sont garnis sous ses habits avec du liége et des lames d'acier, a presque toujours le bonheur de n'être qu'englouti sous le poids du cheval renversé sur lui ; il en est quitte pour se relever en boitant, et lorsque son méchant coursier n'a pas été tué tout-à-fait, et que ses entrailles ne sont que déchirées et pendantes, le *piccador* remonte dessus et devient l'un des ornements de ce terrible spectacle ! Dans cette course, il n'y a eu que 19 chevaux de tués ; mais l'un des survivants, dont les entrailles balayaient le cirque, les a eues coupées en partie, cousues et remises dans le ventre, puis il a encore continué son cruel service pendant quelques minutes ! Il est entendu que les légers coureurs, dits *chulos*, font des tours d'adresse fort dangereux, en excitant le taureau avec leurs longues *capas* de soie de diverses couleurs. L'animal fond souvent sur eux, et leurs culottes à paillettes ne sont guère éloignées de ses redoutables cornes ; mais leur agilité est extrême pour se sauver ou sauter par dessus les *tablas* ou barrières de l'enceinte.

Lorsqu'un taureau a éventré au moins 3 ou 4 chevaux, alors les *banderillos,* dans leur course rapide autour de l'animal furieux, lancent à son cou 4 ou 5 flèches garnies d'un fer recourbé et ornées de banderolles de papier de couleur, et qui s'y attachent, malgré ses efforts pour les secouer. Ce pauvre taureau, tout sanglant, n'en cherche pas moins à se venger sur les douze ou quinze ennemis qui le poursuivent sans relâche.

Alors, arrive le dernier moment de ses souffrances. Le *matador* ou *espada* se présente, sa *muleta* ou manteau rouge sur le bras gauche et sa longue épée dans la main droite. Les deux vaillants héros qui remplissaient ces difficiles et périlleuses fonctions dans cette *corrida* se nommaient *Jose Redondo* et *Manuel Jimenez*, tous deux de *Chiclana*, patrie du grand *Montès* et de presque toutes les *espadas* et *toreadors* de l'Espagne : profession d'ailleurs très nombreuse.

Le taureau semble prévoir sa destinée, et, quoique couvert de *banderillas* et agacé par tous les acteurs de cette sanglante tragédie, il fuit souvent de tous les côtés de l'arène; mais le terrible *matador* ne l'abandonne point, il l'excite par son manteau rouge à se précipiter sur lui, et bientôt après plusieurs passes adroites et dangereuses, son fer s'engloutit au-dessus de l'épaule et reste dans la plaie. Souvent le pauvre animal ne meurt pas sur le coup; alors le *cachetero*, espèce de boucher, lui donne le coup de grâce avec un poignard cylindrique qu'il enfonce derrière la tête, près des cornes.

On fait entrer de suite l'un des quadrilles de ces mules dont le splendide harnachement a été décrit plus haut. On les attèle aux cornes du défunt taureau qu'on traîne au grand galop, au son d'une musique guerrière; puis, d'autres attelages viennent chercher successivement de la même manière les infortunés chevaux étendus sans vie à diverses places du champ de bataille.

Après avoir jeté du sable sur les places ensanglantées, on lâche alors un second taureau, et la même tragédie se représente huit fois avec des incidents à peu près semblables; mais il est difficile de donner une idée des hurlements de joie et des *bravo toro!* lorsque celui-ci a fait quelques exploits cornus qui tuent ou mettent en danger ses agiles adversaires. Beaucoup de spectateurs, amateurs enragés de ce singulier genre de spectacle, s'asseoient de préférence sur les gradins d'en bas, animent le taureau en agitant leurs mouchoirs au bout de leurs cannes, et, dans leur enthousiasme bruyant, lui jettent leurs chapeaux andalous et autres projectiles.

Une partie de cette nombreuse assemblée se compose de dames richement mises, avec la *mantilla*, l'*abanico* de rigueur, et beaucoup de bijoux. Elles sont accompagnées de leurs jeunes enfants, pour les accoutumer à ces férocités sanglantes. Tout cela applaudit avec fureur aux coups les plus funestes, tandis que ma pauvre *Zélia* se cachait et tournait le dos toutes les fois qu'il s'agissait d'une attaque un peu sérieuse, et jurait ses grands dieux qu'on ne la verrait jamais assister à une aussi dégoûtante boucherie !

Quoi qu'il en soit, je pense qu'il y a en France un autre genre de cruautés qui ne vaut guère mieux : ce sont les chasses royales où beaucoup de paysans traquent 2 à 300 pièces de gibier inoffensif qu'on immole à bout portant, sans danger ; ensuite, tous ces pauvres chevaux qui, après avoir glorieusement et paisiblement tiré de beaux carrosses, crèvent sous les coups de fouet des cochers de fiacre qui leur font impitoyablement faire 60 kilomètres par jour, ou sous les mauvais traitements des charretiers qui les obligent à traîner de lourds fardeaux au-dessus de leurs forces. On peut ajouter à cela que les chevaux qui périssent ainsi dans les *corridas* sont de vieilles rosses, qui, en France, seraient toutes dévolues au couteau de l'équarrisseur.

Du reste, la population qui remplit les gradins d'un cirque offre le coup d'œil le plus animé et le plus varié en costumes et physionomies de tout genre.

LETTRE XIV.

Puerto Santa-Maria; Rota; Xeres; Puerto-Real; Isla de Leon; le Guadalquivir.

Les environs de Cadix offrent des excursions agréables à faire dans plusieurs petites villes peu éloignées; nous les avons faites, en y employant successivement le moyen des bateaux à vapeur ou des *calesas* (voitures) du pays.

Après avoir passé la *Torre Gorda*, route étroite et poussiéreuse, parsemée de petites *ventas* (hôtelleries), on arrive à *San-Fernando*, capitale de l'Ile-de-Léon, près de laquelle se trouve le fameux *Trocadero*, théâtre des exploits du duc d'Angoulême, en 1823, et dont il ne reste guère plus de souvenirs que le nom burlesque donné à l'une des parties réservées du parc de Saint-Cloud.

San-Fernando, qui a 18,000 habitants, est d'un aspect assez gai. On y remarque deux belles vues: la *calle Real* et celle du *Rosario*.

Près de la ville sont *les salinas*, marais salins dont les piles coniques de sel brillent comme de l'argent, et où l'on trouve quantité de crabes, dont les pattes sont un grand régal pour les gourmands.

Près du grand pont *Zuazo*, sur un bras de mer, se trouve *la Carraja*, arsenal maritime; puis *Puerto Real*, petite ville réduite à 5,000 habitants depuis la guerre de 1823, mais où beaucoup de Cadicéens ont leur maison de campagne.

On traverse ensuite deux ponts de bateaux jetés sur de petites rivières que chaque marée augmente considérablement, et on entre dans *Puerto de Santa-Maria.*

Cette ville agréable a 25,000 habitants et est renommée par ses eaux pures et limpides dont on fait un grand commerce à Cadix, qui en est tout-à-fait privée. Il y a un beau pont suspendu sur le *Guadalete*, rivière située au bas de la colline, sur le penchant de laquelle elle est bâtie; le long de ses bords se trouve une charmante *alameda* ou jardin d'orangers et de fleurs odoriférantes. Elle contient plusieurs édifices assez remarquables, tels que la Douane, un vieux château, plusieurs cafés, un théâtre, une *plaza de Toros*, et 61 rues, parmi lesquelles se distingue la *calle larga* ornée de beaux édifices.

Après avoir passé à *Rota,* petite ville renommée par son vin stomachique dit *tinto*, on arrive à *Xeres* ou *Jeres,* autre ville dont les célèbres vignobles ont une réputation européenne. C'est une cité Mauresque de 34,000 habitants, laide et mal bâtie, quoique ses rues soient propres et bien pavées. Ses faubourgs, assez beaux et plus modernes, sont habités par de riches négociants, très hospitaliers pour leurs recommandés. L'*Alcazar* des rois Maures, qui est près de la promenade publique, est assez bien conservé et offre à l'œil du touriste un bon *specimen* de ces petites tours crénelées des anciens palais fortifiés. Les immenses *bodegas* ou celliers, remplis de cet excellent vin de *Xeres*, sont très curieux à visiter. La récolte annuelle s'élève à environ 500,000 *arrobas* (tonneau de 16 litres). La meilleure qualité est le *vino seco;* il y a aussi une espèce de vin doux sucré, dit

Malvoisie, qui est un peu dans le genre du vin muscat. Étant bu sur place et sans préparation, le vin de *Xeres* est exquis; mais malheureusement, pour qu'il soit transportable, on y mêle de l'eau-de-vie espagnole (qui est loin d'être de l'eau-de-vie de Cognac!), et la qualité en est très altérée.

Ne pouvant résider plus longtemps à Cadix, nous nous sommes embarqués sur le *steamer* qui conduit à Séville en huit heures, en traversant 12 kilomètres de l'Océan jusqu'à l'embouchure du *Guadalquivir*, jadis le fleuve *Bœtis*, où est situé *San-Lucar de Barremeda*. Cette ancienne ville des Maures est aussi bien déchue de son antique prospérité; elle est triste, mal pavée et sans édifices remarquables; elle n'est un peu animée que pendant l'été, où les habitants de Séville et des environs y viennent prendre des bains de mer. Son climat est le plus chaud du midi de l'Espagne; aussi, l'ancien ministre *Godoy* y avait établi un très beau jardin botanique rempli de plantes rares et d'animaux accoutumés aux sols brûlants de l'Afrique et de l'Asie. Lors de la chute de ce favori de la Reine d'Espagne, épouse de *Charles IV*, les habitants de *San-Lucar* ont entièrement détruit ce riche et précieux établissement!

Selon les poètes arabes et espagnols qui florissaient il y a huit ou dix siècles, le fleuve *Bœtis* coulait dans des vergers délicieux, au milieu des fleurs, des orangers, des oliviers, et ses bords étaient garnis de nymphes charmantes qui se jouaient dans le cristal de ses eaux. En changeant de nom, le *Guadalquivir* a rudement dégénéré! Ce fleuve roule ses eaux assez bourbeuses dans une longue plaine aride, dont les terres jaunâtres sont à peine garnies de quelques arbres et d'un ou deux petits villages! Cela est extrêmement monotone et d'une nudité désespérante pour quiconque a, comme moi, navigué sur tant de beaux fleuves à rivages enchanteurs, tels que la Seine, la Loire, la Saône, le Rhône, la Garonne, le Rhin, le Danube, l'Elbe, la Meuse, l'Escaut, la Clyde, la Tamise, etc. Enfin, après avoir fait à bord un très mauvais déjeuner, nous avons aperçu la *Torre del Oro*, près du port de Séville, et le beau palais de *San-Telmo*, patron de l'Espagne, qui sert aujourd'hui de résidence à un Prince français, le duc de Montpensier, dont beaucoup de Parisiens ont reçu jadis un accueil bienveillant et une utile protection!

LETTRE XV.

Séville; jolies femmes; *patios*; magnifique Cathédrale; la *Giralda*; *San-Telmo*; *paseo Christina*.

Séville est le Naples de l'Espagne; aussi les Espagnols disent :

« Quien no ha visto a Sevilla
« No ha visto à maravilla ! »

« Qui n'a pas vu Séville n'a pas vu de merveilles ! »

Il y a là tant soit peu d'hyperbole; cependant c'est un séjour charmant, très fréquenté par les étrangers.

Quoique ce soit la patrie du célèbre *Barbiere* de *Rossini*, je n'ai pu y trouver de *Figaro*, si ce n'est quelques *peluqueros* qui se bornent à *cortar el pelo*, sans se mêler des intrigues amoureuses des grands seigneurs, et qui surtout sont loin de porter le riche et élégant costume des *Figaro* de théâtre ! Je n'y ai point aperçu de *Don Bartolo*, mais seulement beaucoup de *Basiles* dont l'énorme *sombrero* est bien plus grand que celui qui excite la gaîté de nos Parisiens. En revanche, il y a quantité de jolies *Rosinas*, peut-être plus coquettes encore ! Si leur mise n'est point aussi élégante que celle de Paris, elles l'emportent par la désinvolture de leur démarche, leurs beaux yeux noirs, qui semblent lancer des éclairs d'amour, un peu ombragés par leur mantille arrangée avec goût. Leurs traits réguliers offrent divers types de beauté, quoiqu'un soleil d'Afrique ait un peu bruni leur teint.

Séville, ainsi que Cadix, a l'air d'être bâtie depuis un an : toutes les façades de maisons et murs intérieurs étant badigeonnés à blanc, au moins une fois par an. Elle l'emporte sur cette dernière ville par ses beaux monuments, par ses antiquités remarquables et par le nombre et l'élégance de ses *patios*, cour intérieure entourée de portiques garnis de fleurs et de tableaux, avec une vasque de marbre blanc dans le milieu, d'où s'élève un jet d'eau qui répand de la fraîcheur.

Ces derniers mois de printemps nous ont déjà passablement rôtis; cependant les Sévillois ne trouvent pas qu'il fasse encore assez chaud pour couvrir leur *patio* d'une toile et en faire leur salon d'été; mais, d'ici à huit jours, les appartements du rez-de-chaussée seront seuls habités; on y descendra tous les meubles, qui seraient fendus par l'extrême chaleur s'ils restaient dans les étages supérieurs. Alors les *patios* servent à toutes les réceptions. N'étant séparés de la rue que par une grille en fer, peinte en vert, du travail le plus léger et le plus élégant, cette cour étant parfaitement éclairée, les passants peuvent plonger leurs yeux et leurs oreilles dans l'intérieur, et jouir des sons de la Guitare obligée ou du Piano se mariant à des voix agréables qui chantent de la musique italienne, ou qui font entendre les rhythmes originaux des airs andalous.

En vantant les *patios* de Séville, je dois dire que celui de l'hôtel de l'Europe, où nous demeurons, est l'un des plus beaux. Ses portiques de marbre blanc entourent quatre petits carrés plantés d'orangers et autres arbres et fleurs qu'on ne voit en France qu'emprisonnés dans nos serres chaudes. Parmi ces carrés se promènent un aigle, un milan et un faucon. Dans le milieu un jet d'eau se répand dans un bassin de marbre. Quelques appartements privilégiés, entre autres le nôtre, sont situés sous ces portiques; on s'y croirait transporté dans un palais oriental! Ce magnifique hôtel, au premier étage duquel on monte par un escalier orné de lions de marbre blanc, était la propriété de l'un de mes anciens élèves, le riche *Standish*, fils d'un brasseur anglais, et qui a légué à *Louis-Philippe* sa belle galerie de tableaux.

Un volume suffirait à peine pour décrire tout ce qu'il y a de remarquable à Séville; je me contenterai d'en esquisser ce qui est le plus intéressant. Nos lettres pour les Consuls de France et de Portugal, et pour divers personnes d'un rang distingué, nous ont mis à même de visiter diverses choses que les étrangers ne peuvent voir que rarement. Le comte de L*** et son aimable fille, charmante personne très distinguée sous tous les rapports, ont surtout bien voulu nous accompagner dans nos excursions journalières, et leur protection nous a été aussi utile qu'agréable.

Séville a d'abord été l'un des entrepôts de commerce des Phéniciens. *Jules César* l'habita il y a 1900 ans et y fit construire des fortifications et plusieurs monuments. Les Maures la possédèrent pendant plusieurs siècles; on peut s'en apercevoir par une infinité de constructions qui portent le cachet de leur architecture, telles que l'*Alcazar*, la *Puerta del Perdon*, la *Giralda*, la *Torre del Oro*, etc. *Saint Ferdinand* la reprit aux Maures en 1252, et elle est devenue la ville la plus agréable de l'Espagne.

La Cathédrale me semble être la plus grande, la plus belle et la plus riche de l'Europe! La hauteur de ses voûtes, soutenues par d'énormes piliers d'une élégante sculpture, est de 49 mètres. Les sept ailes ou nefs ont 144 mètres de long sur 109 mètres de large, sans compter les nombreuses et grandes salles qui y sont adjointes, comme sacristies, salles de conseil, de chapitre, d'administration, etc. Il y a 93 fenêtres de vitraux coloriés. Le pavé, en larges carreaux de marbre blanc et noir, a coûté 700,000 fr. Les orgues ont 5,300 tuyaux, et 100 touches de plus que celui d'Harlem. Les deux chaires, la grille du chœur et la sculpture en bois de ses stalles, sont des chefs-d'œuvre de talent et de patience.

Le magnifique salon, dit *sacristie*, contient beaucoup de tableaux de *Murillo*, *Cespedez*, *Fernandez* et *Goya*. Le trésor renferme une énorme quantité de croix, calices et de plats d'or massif, enrichis de diamants et de pierres précieuses. La Sainte-Vierge, outre une infinité de riches vêtements, possède un écrin dont les bijoux sont évalués à 300,000 fr. Je renonce à compter les nombreux candélabres de 3 mètres de haut, châsses, saints-sacrements, lampes en argent massif qui sont exposés dans la Cathédrale pendant les grandes fêtes. Il suffira de dire qu'à ces époques 24 hommes sont occupés pendant six jours seulement à les transporter des magasins de la sacristie pour en paver la Cathédrale !

Un très grand nombre d'armoires et de grands tiroirs contiennent une multitude de chapes, chasubles, tuniques, devants d'autel brodés en or fin et en perles sur les plus riches étoffes de velours et de soie ; j'ajouterai que, tout cela a été fabriqué et brodé à Séville. La broderie de l'un de ces derniers chefs-d'œuvre a été faite par une femme de 90 ans, et qui est morte âgée de 92! Toutes ces richesses courent les rues de Séville le jour de la procession de la Fête-Dieu, qui est célébrée avec une magnificence qu'on ne trouve même pas à Rome!

La *Capilla Real* (chapelle royale), qui est au fond de la Cathédrale, est presque une église à part. Elle contient les tombeaux gothiques d'*Alphonse V* et de *Béatrix*. On voit sur le maître-autel la châsse en or massif qui recouvre le corps du roi *saint Ferdinand*. Au-dessous est une chapelle souterraine où se trouvent beaucoup de petits cercueils rongés des vers; on en a tiré, pour nous les montrer, la tête de *Maria Padilla* et l'os de la jambe de *Pierre-le-Cruel*, deux amants qui s'adoraient, en 1360, dans leur somptueux palais de l'*Alcazar*. C'est bien le cas de s'écrier: *sic transit gloria mundi!*

Nous avons fait ensuite notre ascension à la tour carrée de *la Giralda*, célèbre par son riche beffroi en filigrane et sa merveilleuse horloge. Elle a 117 mètres de haut, et l'on arrive facilement à son sommet sans monter d'escaliers, comme au *Campanile* de la place Saint-Marc, à Venise. C'est une pente douce qui se compose de 36 allées pavées en briques; chacune de ces allées a 7 mètres de long, et elles forment ainsi un carré ascendant et continuel. Deux hommes à cheval peuvent y monter de front, et la Reine *Christine* y a fait sa visite aérienne de cette manière. C'est du haut de cette tour que les Muezzins annonçaient l'heure de la prière aux Maures. Il est entendu que, de la plate-forme, la vue est un panorama magnifique qui s'étend sur le *patio de los Naranjos* (cour des Orangers qui précède la Cathédrale, et dans laquelle on entre par la belle *puerta del Perdon*), sur la ville et ses grands faubourgs, les *alamedas*, le cours du Guadalquivir, l'aqueduc Romain dit *Canos de Carmona*, les campagnes et montagnes environnantes.

Le lendemain de cette première visite, nous en avons fait une autre au palais *San-Telmo*, élégamment bâti sur la charmante promenade *el Paseo Christina*, sur les bords du fleuve. C'est la résidence du duc *de Montpensier*, qui est extrêmement aimé et honoré dans ce pays, où il répand beaucoup de bienfaits. En 1847, ayant dédié à Mme la duchesse un de mes ouvrages, *Melodo de Canto*, nous en avons été reçus en audience particulière avec beaucoup d'affabilité. Infante d'Espagne, Mme la duchesse *de Montpensier* réunit à la grâce française cette dignité majestueuse qui distingue les dames espagnoles d'un haut rang. Elle était destinée à faire l'ornement de la cour des Tuileries!..... En la revoyant à Séville, si loin de la France que son auguste famille rendait heureuse et prospère, on est tenté de trouver quelquefois bien injustes les décrets de la Providence!....

Sans un triple deuil de famille qui excluait toute soirée musicale, Mme *de Garaudé* aurait sans doute été entendue au palais *San-Telmo*, dont l'intérieur est grandiose et richement meublé.

LETTRE XVI.

Séville; le Musée; *la Cartuja;* concert au grand théâtre *San-Fernando;* l'Alcazar; places; *alameda;* orgues célèbres de la Cathédrale.

El Museo (le Musée) est situé dans un ancien et grand couvent, contenant quatre grands *patios* qui offrent un exemple de la luxuriante végétation de cette belle Andalousie. L'un a son jet d'eau de rigueur avec son bassin de marbre, mais celui-ci est entièrement recouvert par quatre grands rosiers de 20 pieds de haut qui forment un berceau d'un épais feuillage; un autre contient plusieurs saules-pleureurs plantés depuis dix ans, dont la cime atteint la hauteur des toits. Sur le balcon d'une maison particulière, j'ai vu une longue branche de jasmin poussée naturellement entre deux briques, et qui se balançait dans la rue!

Le réfectoire, l'église et les nombreux dortoirs des bons moines ont été adaptés à la nouvelle destination qui en a fait un Musée, soit comme exposition de tableaux, soit comme École de Peinture et de Sculpture pour 500 élèves. Ils y font très progressivement leurs études en copiant des séries de plusieurs centaines de dessins sur les diverses parties du corps, en toutes sortes de positions, jusqu'aux fragments de tableaux d'histoire. Il doit sortir de cette école un nombre immense de peintres bons, mauvais ou médiocres. Ces deux dernières classes sont en très grande majorité; aussi dans chaque maison, le *patio*, les escaliers, les galeries et les appartements sont-ils tapissés d'une infinité de tableaux copiés des grands maîtres, mais qui appartiennent plus ou moins à l'état de *croûtes*. Au surplus, la plupart des amateurs sont assez peu connaisseurs pour les admirer de bonne foi; et à Paris on n'est guère plus difficile!

Les salles d'exposition du Musée sont remplies des meilleurs ouvrages de *Murillo*, *Vélasquez*, *Ribera*, *Zurbaran*, *Juan Valdes*, *Castillo*, *Pedro Rodan*, *Cespedes*, *Herrera*, etc. Ces salles, nombreuses et peu grandes, me semblent mieux convenir à l'appréciation attentive de bons tableaux que les immenses galeries où l'œil se fatigue bien davantage. Ici, chaque maître ou chaque genre a sa salle particulière. Celle de *Murillo* contient une vingtaine de tableaux de cet illustre peintre ; on y voit un de ceux dont l'origine est la plus singulière : *la Virgo a la Servilleta* (la Vierge à la Serviette). On raconte que *Murillo* étant, à 18 ans, dans l'indigente pauvreté de la plupart des jeunes artistes et jouissant d'un excellent appétit, ne pouvait payer son hôte, lequel, lassé de lui faire crédit, dit un jour au jeune peintre : « Puisque vous ne me « donnez point d'argent, faites-moi du moins « un joli petit tableau ! » Celui-ci prit sa serviette et y peignit une *Vierge et l'Enfant-Jésus*, qui sont l'une des merveilles de la Peinture. Plusieurs de ses autres tableaux sont plus ou moins *miraculeux* par les sujets qu'ils représentent : l'un est *saint Antoine* contemplant dans une divine extase un très petit Enfant-Jésus assis tout nu sur un grand livre pieux tout ouvert, lequel doit, tôt ou tard, être couvert de ce que les marmots ne peuvent retenir en société. Dans un autre, on voit le Christ bien attaché sur sa croix; mais un Capucin (dont l'ordre n'a été inventé que 800 ans après) se dresse près de la croix pour baiser dévotement les pieds de notre Sauveur; alors celui-ci, dans une effusion de reconnaissance, détache son bras droit qui était bien cloué, et se penche vers le moine pour l'embrasser!

Nous avons été très bien reçus par M. *Béjarano,* directeur du Musée, qui est lui-même un des meilleurs peintres modernes. Dans le nombre de ses ouvrages, nous avons admiré deux grands tableaux qui représentent une *Foire* et un *Jour de marché à Séville.*

Avant-hier, le comte de L*** et sa charmante fille sont venus nous prendre pour nous conduire à la *Cartuja* (la Chartreuse), qui est à un kilomètre de la ville, de l'autre côté du Guadalquivir, que nous avons traversé en barque. Cette Chartreuse, située vis-à-vis de la grosse tour Mauresque *del Oro,* est aujourd'hui une vaste manufacture de porcelaine et de faïence, à la manière anglaise, dont le propriétaire, M. *Pickman,* a fait preuve d'une grande industrie. Il nous a promenés dans beaucoup de salles remplies de casiers contenant une énorme quantité de services complets de tout genre, de vases d'une structure élégante et variée, enfin de mille choses d'un excellent goût. Le jardin et le parc sont très vastes et plantés de plusieurs petits bois d'orangers et autres arbres exotiques. De l'église, il n'a conservé que la chapelle du chœur, remarquable par la belle rosace de ses vitraux. Dans un coin du jardin on a récemment construit un très joli pavillon au milieu d'une pièce d'eau; et plus loin, un petit édifice avec des tours Mauresques, du haut desquelles on jouit d'un panorama fort étendu. M. *Pickman* nous a ensuite conduits dans une belle salle à manger en marbre, et illuminée en notre honneur, où une collation était servie.

Mes ouvrages étant connus et estimés plus que je ne le pensais dans les diverses villes d'Espagne que nous avons parcourues, une députation de la société Philharmonique de Séville, qui est présidée par Mme la duchesse *de Montpensier*, est venue prier Mme *de Garaudé* de chanter à un concert au bénéfice des pauvres, dans la salle du grand théâtre de *San-Fernando*. Ce concert, dont l'orchestre était de 80 musiciens, avait réuni une nombreuse et brillante assemblée. Plusieurs amateurs de la haute noblesse y ont exécuté des *solos*, et on a beaucoup applaudi *Zélia*, qui a chanté plusieurs *cavatines* italiennes et *boleros*, mes dernières compositions.

Ce matin, nous avons visité l'*Alcazar*, ancien palais d'*Abdérame*, l'un des derniers rois Maures, et habité depuis par *Pierre-le-Cruel* et *Charles-Quint*. Malheureusement, le badigeonnage à l'eau de chaux (d'un usage si barbare en Espagne pour y gâter les belles antiquités) y a masqué une grande partie des ornements arabes! Malgré la fâcheuse modernisation qu'on y a effectuée, il reste encore beaucoup d'objets dignes de l'attention du touriste. Dans le vestibule, les colonnes à chapiteaux sont Romaines, et proviennent du palais primitif de *Jules César*. L'architecture Mauresque de plusieurs portes et plafonds de la salle des ambassadeurs, ainsi que du grand *patio*, qui a 24 mètres de long sur 18 de large, est vraiment admirable par ses détails minutieux de sculpture !

Les jardins de l'*Alcazar* sont extrêmement curieux par les statues, les parterres et les pavillons qu'ils renferment. Il y a aussi de singuliers petits jets d'eau invisibles, qui, en tournant un certain robinet, partent spontanément le long de certaines allées, en arrosant, en *ligne directe*, les promeneurs et même les promeneuses. On y remarque principalement le *kiosk d'Azulejo*, l'étang où *Philippe V* pêchait ordinairement, et les bains voûtés où se baignait *Maria Padilla*, maîtresse de *Pierre-le-Cruel*.

La *grande Plaza* offre un aspect Arabe par ses arcades, qui sont le quartier-général des joailliers, et sous lesquelles les promeneurs oisifs s'abritent du soleil. Les places *San-Salvador* et celle *del Duque*, sont des espèces d'*alamedas* fort agréables, où des allées d'arbres, des fontaines et des bancs de marbre invitent à s'y reposer. Il est entendu qu'il y a aussi une très belle place de *los Toros*.

Les rues de Séville sont étroites, pour éviter

la grande chaleur; celles de *los Francos* et de la *Sierpe* sont plus larges, et elles contiennent de nombreux magasins sans luxe extérieur, mais fournis de toutes les marchandises européennes.

Parmi ses faubourgs, qui font suite aux vieux murs Mauresques dont elle est entourée, *Trianon* est le plus peuplé en Bohémiens, jongleurs, toréadors, contrebandiers, *majos* et *majas*, qui, les dimanches, offrent le coup d'œil le plus singulier par leurs costumes variés et l'animation de leurs plaisirs.

L'*alameda vieja*, dont l'entrée présente deux grandes colonnes Romaines dites d'*Hercule*, est tout-à-fait délaissée pour la jolie promenade de la *Christina*, qui réunit toute espèce d'agréments: ombrages d'arbres exotiques, vue du Guadalquivir, salon pavé de dalles et vastes canapés de marbre blanc, labyrinthe, pavillon chinois, etc. Aussi est-on certain d'y rencontrer l'élite de la société Sévillienne. De belles amazones chevauchent dans les grandes allées de platanes qui entourent la *Christina*. Nous en avons admiré une d'une très-riche taille, en élégant costume de *maja contrabandista* : gilet et veste noire brodée avec brandebourgs et aiguillettes d'argent, grande ceinture de soie rouge, chapeau andalou, fouet d'ivoire supérieurement sculpté, et une grande housse de soie rouge couvrant un magnifique cheval andalou, qu'elle faisait caracoler avec grâce et aisance.

Avant de quitter cette belle ville, nous avons fait de fréquentes visites à sa Cathédrale. L'une de celles-ci a été surtout infiniment agréable. Son célèbre organiste, *San-Clemente* (qui paraît faire beaucoup de cas de mes ouvrages classiques), nous a invité un jour à venir, à midi, pour entendre l'orgue qui passe pour être le plus complet de l'Europe. Ayant fait fermer les portes de l'édifice, il a improvisé pour nous seuls, avec un talent très remarquable, une douzaine de morceaux de différents styles, en y employant tour à tour les *jeux* nombreux de ce gigantesque instrument. Dans ces improvisations, la mélodie et la science étaient abondamment représentées sous les formes les plus variées ! Le *seul* soufflet de cet orgue immense a huit pieds de long ; il est à terre, enfoncé d'un pied, et il est mu facilement par deux hommes qui marchent continuellement d'un bout à l'autre et dont le poids suffit pour faire baisser l'un des côtés. On pourrait appeler *professeurs de pieds* ces deux artistes d'une nouvelle espèce.

LETTRE XVII.

Alcala de Guadaira ; Carmona ; Ecija ; Ossuna ; Ronda.

Si les voyages sont une source continuelle de plaisirs et de distractions agréables, on éprouve aussi de pénibles sensations en quittant une ville où l'on s'était fait en quelque sorte de nouveaux amis, dont la société était charmante, et qu'on ne reverra peut-être jamais!... Les délicieux souvenirs de Séville nous ont donc laissé des regrets, malgré la perspective de nos autres excursions en Andalousie que nous voulions parcourir avant d'arriver à Grenade, ville Mauresque et Arabe, qui a laissé de si précieux souvenirs historiques!

Une assez mauvaise diligence nous a conduits à Ecija. 72 kilomètres depuis Séville n'offrent de remarquable que *Alcàla de Guadaira* et *Carmona*. La première est une petite ville, qu'on appelle le *four de Séville* : tous ses habitants n'étant occupés qu'à fabriquer d'excellent pain et à faire tourner deux cents moulins. On pourrait aussi la nommer la *cité des sources*, car ses *canos* conduisent à Séville l'excellente eau qu'on y boit.

Le château d'Alcala est un fort bel édifice Mauresque.

Carmona est une ville de 20,000 habitants, dont les murailles et le château sont tellement Mauresques, qu'on se figure y retrouver encore ses anciens habitants. Sa tour de *San-Pedro* est une petite imitation de la *Giralda*. Dans une petite anfractuosité de la montagne, on a planté une *alameda* pittoresque.

Après avoir traversé un territoire extrêmement fertile, on arrive à *Ecija*. Cette ville de 35,000 habitants, ancienne colonie Romaine, a l'agrément de posséder un climat si chaud qu'on l'appelle la *sartenilla* (la poêle à frire) de l'Andalousie. Quatre colonnes surmontées de statues précèdent sa belle *alameda*. Plantée sur les bords du *Jenil*, elle est remarquable par ses fontaines qui représentent les saisons. Le palais du marquis de *Cortez*, où logent les rois d'Espagne lorsqu'ils visitent ce pays, réunit beaucoup de peintures à fresque qui rappellent celles qu'on a pu voir à Gênes. Cette ville a la réputation d'être la patrie d'une manufacture de saints peu connus dans la légende française.

Nous avions beaucoup entendu parler du pays montagneux et sauvage qui environne *Ronda;* et, quoique ce fût un détour long et pénible, nous avons encore loué des mules pour faire ce trajet assez fatigant; car aucun véhicule à roues n'y pouvait pénétrer.

A 24 kilomètres d'Ecija se trouve la petite ville d'*Ossuna,* qui a beaucoup souffert pendant les dernières guerres contre la France. Dans la Collégiale, on voit plusieurs bons tableaux de *Ribera,* entre autres la *crucifixion.* Du haut du château, une belle vue des environs se déploie aux yeux du touriste.

Jusqu'à *Ronda,* la route est affreuse, traversant des montagnes arides et des repaires de voleurs, à ce qu'on dit; car nous avons été privilégiés sous ce point, et aucun tromblon ni *navaja* (couteau-poignard) ne se sont dirigés sur nous; on nous avait rassurés d'ailleurs en nous disant que, pendant la belle saison, ces messieurs se reposaient de leurs glorieux exploits. Néanmoins, nous avons rencontré beaucoup de paysans à cheval, portant la veste andalouse brodée et à pièces de couleur, qui à ce costume ajoutaient prudemment l'*escopetta* (long fusil), attachée à leur selle.

Si nous avons échappé aux *salteadores* (voleurs de grands chemins), en revanche, à la *venta del Granador*, où nous avons couché, nous avons éprouvé tous les inconvénients du plus mauvais gîte! Le bon *cuarto* (chambre) que nous avions demandé n'était qu'un grenier de sept pieds carrés, n'ayant d'autre fenêtre qu'un trou dans le mur, sans vitres, fermant par un volet de bois. Après y avoir déposé par terre un très mince et sale matelas, on nous apporta, pour dîner, une vieille poule à l'ail! Heureusement que *nécessité fait loi* et que nous ne sommes point difficiles. Quant à moi-même, véritable *Robinson Crusoé*, je me contente de tout, pourvu que je trouve une matière quelconque à mes observations. Quelques mauvaises nuits, quelques mauvais repas sont bientôt passés, et le souvenir de tout ce qu'on a vu en pays étranger reste toute la vie !

Ronda est une ville unique par son étrange position. Située au sommet d'un grand rocher coupé en deux par quelque terrible événement volcanique, on ne regarde point sans vertige éblouissant la profondeur du précipice à pic au fond duquel le *Guadaira* roule ses eaux noires ! On ne peut grimper à Ronda que par une étroite chaussée défendue par un château Mauresque, dont le roi *Ferdinand* s'empara par surprise en 1485. Deux ponts sur ce précipice ont été solidement construits à grands frais. Le premier, qui est antique, est assis sur les deux côtés de la roche; on le passe sur une seule arche de 40 mètres d'élévation. Le second possède tous les agréments d'un abîme, et les habitants d'une rue qui en est très voisine ont le plaisir d'en jouir toute la journée ! On peut d'ailleurs se procurer la récréation de descendre quatre cents marches taillées dans le roc, pour aller prendre un bain de pieds dans le torrent.

Les ruelles tortueuses de Ronda sont garnies de petites maisons dont les portes sont en noyer, arbre très commun dans la vallée, qui produit aussi en abondance toute espèce de fruits. On y rencontre beaucoup de jolies filles; leur teint frais et rose contraste avantageusement avec celui des autres Andalouses, dont les visages bruns attestent l'alliance avec le sang Maure. Les hommes, braves, grands et vigoureux, exercent généralement les professions de muletiers, toréadors, contrebandiers, et quelquefois de voleurs.

Les foires et les fêtes brillantes de Ronda, et surtout celle du 20 mai, montrent dans toute leur gloire ses *majos* et ses *majas*. La belle *plaza de Toros*, édifice curieux tout en pierre, et l'*alameda*, couverte de rosiers, qui en est voisine, et d'où l'on jouit d'une superbe vue, sont très remarquables.

Le climat de Ronda est très sain, et beaucoup d'habitants de Séville, d'Ecija et de Malaga viennent passer l'été dans ce séjour plus que romantique!

A 10 kilomètres de Ronda, se trouve l'ancienne ville *Alcinopa*, appelée aujourd'hui *Ronda la Vieja*. On y voit encore des ruines de son amphithéâtre, où les amateurs d'antiquités déterrent quelquefois des statues et des médailles.

La diète forcée que nous avions subie dans les montagnes nous a fait trouver délicieux les repas passables de notre *posada de las cuatro naciones*, à Ronda : ce qui nous a rendu les forces nécessaires pour continuer les fatigantes explorations de l'Andalousie.

LETTRE XVIII.

Antequerra; Loja; *Santa-Fé;* Grenade.

Ne pouvant espérer de voitures pour Grenade qu'à Antequerra, nous avons dû encore voyager à dos de mulets pendant les 60 kilomètres qui séparent Ronda de cette dernière ville. Toujours des détours sinueux et grimpants à travers des montagnes sauvages et quelques vallées dont l'ensemble offrait souvent un coup d'œil pittoresque ! Toujours aussi mauvais gîte et mauvaise nourriture, sans en excepter certaine *soupe au lièvre* préparée salement par notre muletier !

Enfin, nous arrivâmes à *Antequerra,* ville de 20,000 habitants, située près d'un lac salé. Ses murailles en ruines attestent que sa position sur un site élevé était assez formidable. Son château a été bâti par les Maures sur d'antiques fondations romaines. On y voit une ancienne mosquée qui a été convertie en magasin par les

Français. Sa Collégiale contient quelques peintures et sculptures assez remarquables.

A dater de cette ville, c'est un *galérien* qui t'écrit, et j'y suis condamné pour plusieurs jours, sans préjudice pour l'avenir! Tu ne sais pas trop ce que c'est qu'une *galère :* c'est une voiture qui tient du roulage pour la lenteur et la structure des quatre grosses roues, et des voitures des blanchisseurs de Paris pour la forme, qui a cependant 5 mètres de long, et un attelage de huit mules, qui jusqu'à présent n'ont pris le petit trot que deux fois et pendant 25 pas. La couverture ronde de ce lourd véhicule est en roseaux resserrés ensemble. Point de siéges, si ce n'est un mince matelas qui recouvre les bagages qu'on place en dessous dans un fort filet de cordes. On a donc pour ressource de s'y coucher de son long ou de s'y asseoir sur son manteau ou sac de nuit. Malgré tous ces graves inconvénients, il y a des gens qui, outre une très grande économie, préfèrent les galères (qui ne voyagent que de cinq heures du matin à quatre heures, et qui couchent en route tous les 30 ou 40 kilomètres) aux diligences espagnoles, qui ne font que 100 kilomètres par jour, en secouant horriblement et en versant leurs voyageurs ! La curiosité d'en tâter nous a décidés à choisir cet humble véhicule. Là, tantôt dormant, tantôt lisant nos livres de poche espagnols et anglais, quelquefois nous efforçant de comprendre le patois andalou de nos compagnons de voyage, le temps s'est écoulé assez agréablement.

Près d'Antequerra, nous avons côtoyé lentement les bords du *Jeguas* et du *Peñon de los enamorados* (flamme des amoureux), qui devait, même auprès de ma femme, faire rétrograder mon imagination à des années antérieures; et, après avoir couché à *Archidona*, nous arrivâmes le second jour à *Loja*, ville de 14,000 âmes, qui était jadis la sentinelle avancée de Grenade. Son château à tourelles est dans le milieu de la ville, dont les maisons basses bordent les rives du *Jenil*, qui vient de Grenade, et qui sont parsemées de riants vergers.

Le lendemain, une belle plaine et une route agréable nous conduisirent d'abord à *Santa-Fé*, ville de 4,800 habitants, fondée par *Isabelle* lors du siége de Grenade, et ensuite à cette ancienne et mémorable cité, dont j'avais lu tant de merveilles dans les écrits des historiens et des romanciers.

Ma première impression a été le *désappointement* qu'on éprouve ordinairement lorsqu'on visite des lieux par trop vantés d'avance! *Grenade*, qui, sous les Maures, contenait 500,000 habitants, est réduite à une population de 80,000; ses murailles étaient défendues par 1,030 tours, et elles avaient 12 kilomètres de circonférence. Aujourd'hui, il ne reste guère que des rues étroites et tristes; très peu d'édifices y ont un extérieur remarquable. On s'y occupe peu de littérature, de sciences et d'arts; et on dit que la brillante *Athènes des Arabes* est devenue presque une *Béotie* sous les Espagnols, qui se disent pourtant bien plus civilisés!...

Cependant, on revient bientôt de ces affligeantes pensées, en examinant en détail tout ce que Grenade peut encore offrir de très curieux à la classe des touristes qui se complaisent avec passion à reconstruire par la pensée tout ce qui existait dans des siècles dont les vieux souvenirs n'ont guère laissé de traces, si ce n'est dans les ruines plus ou moins bien préservées des outrages du temps !

Grenade est bâtie aux trois quarts dans une plaine fertile arrosée par le *Douro*, qui, dit-on, roule des paillettes d'or, et par le *Jenil* ou *Xenil*. La première de ces deux rivières descend d'une chaîne de montagnes voisines, la *Sierra Nevada*, qui couronne la ville d'un diadème de neiges éternelles. Sur deux petites collines qui précèdent cette *Sierra* s'élèvent les restes majestueux et admirables de l'*Alhambra* et du *Généraliff*, tant célébrés par les poëtes et les écrivains célèbres de toutes les nations !

LETTRE XIX.

Grenade ; jardins de l'Albambra ; palais de Charles-Quint ; palais des rois Maures.

A peine arrivés à Grenade, nous nous sommes empressés de gravir *la calle de los Gomeles* ; et, après avoir passé la porte de *las Grenadas*, nous sommes entrés dans les jardins de l'*Alhambra*, qui sont une espèce de *paradis de Mahomet*, moins les houris que nous n'avons pu y découvrir ! Plusieurs allées droites ou en pente, boisées d'arbres exotiques dont l'épais feuillage est rempli d'oiseaux au doux gazouillement, et garnies de superbes fontaines, cascades et jets d'eau, conduisent soit dans diverses autres parties du jardin (où quelques petites *fondas* logent des touristes qui viennent y passer plusieurs mois), soit au palais de l'*Alhambra*.

On y pénètre par un très grand portique Mauresque, que les Espagnols ont orné d'une statue de la Sainte-Vierge, qui me semble placée là en mauvais lieu ! Cette belle entrée se nomme *la Torre de Justicia* (tour du jugement), parce que c'était là que *Jusuf Ier* et ses successeurs rendaient fréquemment cette justice expéditive qui se termine promptement par la décollation ou au moins par la bastonnade.

Plus haut est *la Torre de la Vela*, où s'arborèrent successivement les étendards de Mahomet et ceux des Rois d'Espagne. De là, l'œil plonge sur les 80 kilomètres de la *Vega*, vallée extrêmement fertile que les poètes ont souvent célébrée, et qui est couverte de villages et de jolies maisons de campagne. C'est un second volume de la *Huerta* de Valence, moins la mer !

Vis-à-vis cette forteresse ou tour de la *Vela* est le magnifique palais, à quatre belles façades, bâti avec de précieuses démolitions de l'*Alhambra*, qui s'en trouve diminué de moitié, et non terminé par *Charles-Quint !* On dit qu'il faudrait encore 8 millions pour l'achever ; mais où les trouver dans cette pauvre Espagne ? Qui viendrait maintenant habiter ce palais dont les appartements n'ont que les murs, et dont l'immense *patio* intérieur devait être destiné à des courses de taureaux !

On entre dans la résidence royale des souverains Maures par une mauvaise porte reléguée dans un coin obscur de l'édifice. On dit que c'est *Charles-Quint* qui est l'auteur de cette insultante abjection !

Le premier *patio*, dit *de los Arrayanes* (des Myrthes), est grand, et il conduit, à droite, dans un beau corridor dont la partie supérieure est d'une riche sculpture Mauresque.

A droite de ce *patio*, il y avait autrefois des appartements d'une grande magnificence destinés à l'habitation de la Reine, et qu'on appelait *el Cuarto de la Sultana*.

La petite mosquée, convertie en chapelle par *Charles-Quint*, est près des archives et de la grande porte Mauresque qui y conduit.

Bientôt l'admiration se porte sur l'examen successif de la grande tour de *Gomares*, des magnifiques *salles des Ambassadeurs*, *de la Justice*, des *Deux Sœurs*, et des *Abencerrages*, toutes couvertes des sculptures les plus délicates, et ayant 13 mètres 33 centimètres d'élévation jusqu'à leurs riches plafonds de bois de cèdre. Les parois des murs sont des incrustations en petits carrés de *lapis-lazuli* et des imitations de marbres de différentes couleurs, entremêlés de versets du Coran. On ne peut guère se faire d'idée de ces belles mosaïques arabes que par les guipures de dentelles ou par les papiers fins à emporte-pièce qui couvrent nos boîtes de bonbons; elles ne sont cependant qu'en plâtre très dur, moulé avec un art admirable; mais hélas! l'affreux badigeonnage espagnol a passé par là, et presque toutes ces splendeurs arabes sont gâtées ou perdues!....

Au lieu de cet affligeant blanc de chaux, les Maures affectionnaient comme couleurs principales le vert, le rouge, le bleu et le jaune comme or, et ils les distribuaient avec goût dans les salles de leurs palais.

La célèbre *Cour des Lions* a donné lieu à beaucoup de gravures peu ressemblantes; elle a 40 mètres de long sur 24 mètres 33 centimètres de large. Les galeries qui l'environnent forment des portiques soutenus par 128 colonnettes de marbre blanc, réunies de quatre en quatre et de trois en trois. Cet aspect est magnifique!

Au centre s'élève un très petit monument qui désappointe tout-à-fait le touriste romanesque qui s'imaginait trouver là une fontaine plus monumentale que celle qui décore notre place de Louvois ! C'est tout simplement une double cuve de marbre blanc à champignon, jetant de l'eau qui ressort de la gueule des douze lions qui l'entourent ! Le tout n'a pas 2 mètres 66 centimètres de haut ; et ces *espèces de lions*, horriblement mal sculptés, et qui ressemblent si peu aux hôtes terribles du désert, sont loin de faire honneur à l'artiste Maure qui, il y a un peu plus de mille ans, aura employé son ciseau à faire ce grotesque ouvrage !

C'est dans ces cuves que les *Zégris* ont jeté les têtes sanglantes de 36 *Abencerrages* qu'ils venaient d'assassiner !....

Près de là se trouvent les belles salles de bains. Mon imagination rétrospective était tellement en action, que je n'osais y entrer : me figurant qu'elles étaient peut-être encore remplies de charmantes Sultanes en très grand déshabillé, et je me mourais de peur d'être empalé pour prix de ma témérité profane !.... Heureusement que la Sultane *Chaîne des Cœurs*, ses très nombreuses compagnes et leurs charmes séducteurs de 359 ans n'étaient plus là pour tenter ma fidélité conjugale ! J'ai donc pu admirer en paix une vaste salle à colonnettes de marbre, enrichie de *lapis-lazuli*, de revêtements de porcelaine d'une riche et singulière variété, d'un dôme percé de 100 carreaux coloriés diversement, et de plusieurs cabinets de marbre, espèces de grandes baignoires où sans doute les Sultanes apprenaient à nager.

On monte bientôt un escalier au haut duquel est la *Caja*, prison d'une Sultane qui a eu la folie de devenir folle par jalousie, malgré la longue habitude qu'elle devait avoir contractée de voir le Sultan courir de lit en lit de quelques centaines de rivales !

Dans un étage supérieur, se trouve le *toccador* ou cabinet de toilette de la Reine; quoiqu'il n'ait que neuf pieds carrés, c'est une espèce de belvédère très curieux à visiter : ses petites fenêtres offrant divers points de vue sur Grenade, ses environs, et sur l'imposante *Sierra Nevada*. Les murs sont chargés d'arabesques et de peintures représentant des ports de mer d'Italie, divers sujets de batailles, etc., mêlés malheureusement à une quantité de noms inconnus que leur propriétaire voyageur a voulu immortaliser en en barbouillant ces peintures!

Dans un coin de ce *toccador*, le plancher est remplacé par un marbre blanc carré et percé de trous. Au-dessous, par un raffinement oriental, on brûlait des parfums, qui complétaient la toilette de la Sultane.

Tel est, à peu près, tout ce qui reste de l'*Alhambra*, séjour de tant de grandeurs et de magnificence, habité en dernier lieu par *Boabdil*, dit le roi *Chico*, dont la pusillanimité avait en partie causé la perte de sa couronne. On montre encore sur une des montagnes qui environnent Grenade un endroit nommé *el Sospiro del Moro*, parce que, fuyant avec sa mère et jetant un dernier regard sur la belle contrée qu'il venait de perdre, celle-ci lui dit : « Tu as « raison de pleurer comme une femme sur « cette ville que tu n'as pas su défendre en « homme courageux ! »

LETTRE XX.

Grenade ; *el Generaliff*; la Cathédrale ; la *Cartuja ; el Trionfo ; el Salon ; Gitanos ; Tertulias ; la Madriñela ; el Ole.*

La *puerta del Pico* conduit au *Generaliff*, situé sur une petite colline à un kilomètre de l'*Alhambra*. C'était une maison de plaisance des rois Maures, entourée de vignes et de figuiers. Les bâtiments de ce palais sont peu considérables, et dans ce qui y reste d'antiquités arabes, le plus grand *patio* est seul remarquable. Il est environné de plusieurs salles ornées de sculptures dentelées, de mosaïques, colonnettes et portiques Mauresques. Parmi quelques tableaux, on remarque le portrait du roi *Boabdil*.

Les jardins sont la partie vraiment curieuse du *Generaliff*. Ils sont, comme ceux de Babylone, superposés à des hauteurs différentes et remplis d'arbres et de fleurs rares. Ils contiennent de grands berceaux, des pyramides de myrthes et des jets d'eau d'une hauteur considérable. Dans l'un de ces jardins, on remarque un vieux cèdre qui a ombragé les derniers rois Maures. Divers pavillons y sont construits, et sur celui qui est le plus élevé se trouve une terrasse qui domine tous les environs.

Quoique ce soit un séjour enchanteur, le riche propriétaire du *Generaliff*, le marquis *de Campotejar*, n'en jouit point, et il habite Gênes.

J'ai dit que le premier aspect général de Grenade ne prévient pas beaucoup en sa faveur; cependant, il y a beaucoup de choses intéressantes à y visiter.

La Cathédrale se compose de cinq nefs, dont les piliers sont de l'ordre corinthien; le dôme a 73 mètres de haut, et l'arche qui ouvre sur le chœur a 63 mètres; leur effet est très beau. Le derrière du chœur est rempli de statues assez ridicules; mais celles de *Ferdinand V* et d'*Isabelle*, agenouillées de chaque côté du maître-autel, sont beaucoup mieux. La chapelle de *los Reyes* a un riche portail gothique; dans le centre, on admire deux magnifiques sépulcres de *Peralta*, sur lesquels sont les statues couchées du roi, de la reine et de leurs enfants.

Les Chartreux qui vivent encore doivent regretter amèrement leur ancien couvent hors de la ville. Rien de plus riche que l'église de cette *Cartuja*, où abondent les marbres les plus rares! Les trois portes de la sacristie sont une mosaïque d'ivoire, de nacre, de perles et d'écaille de tortue. Dans l'intérieur, huit grands meubles, destinés à resserrer les ornements d'église, sont aussi artistement travaillés avec les mêmes matières. Du reste, si l'écaille était prodiguée dans ce couvent, c'est que les bons Pères, condamnés à faire maigre toute l'année, mangeaient très souvent de grosses tortues conservées dans le vivier de leur grand jardin, et leurs belles écailles étaient destinées à de pieux et riches ornements pour leur église.

La place de la *Constitucion* est voisine du *Zacatin*, quartier des Orfèvres, très peuplé, et où il se fait un assez grand commerce. Près de là se trouve la *plaza Nueva*, où est le théâtre, et la *Cancellaria* dont la façade est fort belle.

Outre la délicieuse promenade de l'*Alhambra*, qu'il faut aller chercher un peu haut, deux autres très agréables se trouvent à chaque bout de la ville.

La première, située près de l'hôpital des fous et de la Chartreuse, se nomme *el Trionfo*. Dans un grand nombre d'allées où les fleurs et les arbres exotiques abondent, des bancs de marbre et des jets d'eau invitent à s'y reposer au frais; et c'est là que les *novios* (amoureux) s'y donnent rendez-vous lorsque la *novia* réussit à s'échapper de la maison maternelle. Mais ordinairement, dans toutes les villes de l'Andalousie, les relations amoureuses se font de cette manière : le *novio* va s'installer, de 9 heures à minuit, sous le balcon de sa belle, qui y écoute attentivement toutes les tendres phrases de son amant. Les parents ne le font point monter; mais, de leur aveu, il est reçu que la *señorita* cause ainsi avec lui plusieurs années avant le mariage; on appelle cela *pelar la paba* (plumer le dinde). Ces sortes d'amants se nomment aussi *mangeurs de fer*.

L'autre promenade, *el Salon*, offre un coup

d'œil grandiose. On y arrive par un large boulevart garni de bancs, et l'on voit à droite le beau portail de *San-Nicolas*, qu'on dit être *patron des écoliers, des filles sans dot et des voleurs.* Cette promenade se compose de trois grandes et larges allées qui se font suite. La première offre à chaque bout deux grandes fontaines soutenues par des statues de bronze et des animaux, formant jets d'eau et cascades. Les promeneurs, abrités sous un dôme de verdure épais et élevé, peuvent s'y asseoir sur les bancs de marbre blanc à dossier verni en vert, et y jouir de la fraîcheur et de la bonne musique qu'on y entend le soir. Comme il y a un grand nombre d'équipages à Grenade, ils circulent autour de cette promenade dans deux autres allées qui en font le tour; c'est le *Longchamps* quotidien de la ville.

A gauche de cette allée sont des jardins; à droite est un petit bois charmant dans lequel coulent des ruisseaux. Les deux autres parties de cette grande allée sont aussi embellies par de belles fontaines, et elles conduisent au *Xenil*, dont les rives bordent le bois. On passe cette rivière sur un pont d'une seule arche construit par notre maréchal *Sébastiani*.

De là, à gauche, on peut aussi monter à l'*Alhambra*, et à droite, on arrive au *Sagrado*, montagne habitée par les *Gitanos*, qui y demeurent entassés dans des masures ou dans des cavernes ; la plupart sont déguenillés et demi-nus. Leur peau couleur de cigare, leurs grands yeux fauves indiquent assez leur profession de tondeurs de mules et de chiens, diseurs de bonne aventure, voleurs, etc.

Cette charmante promenade du *Salon*, si fraîche, si parée de belle verdure, où le gazouillement des oiseaux se mêle au murmure des eaux, a pour horizon assez voisin la *Sierra Nevada*, immense chaîne de montagnes couvertes de neiges éternelles, qui deviennent un objet de commerce pour les glaciers. Certains touristes déterminés ne manquent point de consacrer trois jours de fatigues inouïes pour en visiter les parties accessibles ; mais mon enthousiasme de voyageur ne va point jusque-là ; et, assis commodément dans ce *Salon*, bien peuplé de bonne compagnie, nous nous sommes contentés d'admirer de loin les effets magiques du soleil couchant reflété à diverses teintes sur les masses de neige.

Diverses *tertulias* fort agréables nous ont procuré des jouissances plus tranquilles. Parmi ces dernières, après un bon mais singulier dîner de cuisine espagnole, nous avons admiré le triple talent de la belle *signorita* S***, fille d'un officier supérieur, notre aimable amphitrion, cultivant à la fois le chant, la peinture et la danse; elle possède ce dernier art d'une manière remarquable. Vers minuit, elle est allée changer de robe, et revenue avec un costume léger et élégant, elle a dansé la *madrileña* et *el ole,* danses andalouses extrêmement pétulantes et tant soit peu lascives. L'expression et les gestes de ces danses dénoteraient un talent de *prima ballerina;* mais quelque bon bourgeois de Londres s'écrierait sans doute : *that one make of it in the house!*

Il n'y a point de touriste riche qui ne veuille remporter un beau costume andalou, pour la bagatelle de 500 fr. Malgré une chaleur à cuire des œufs, le velours et la laine en forment la matière, et je suis peut-être le seul qui porte du nankin et des habits d'été. La plupart des hommes ont constamment la *capa*, grand manteau de laine rayée, relevé sur l'épaule gauche. Il n'y a rien de choquant comme de voir des enfants de huit à dix ans affublés ainsi, par une atmosphère brûlante. Les Andalous disent que *ce qui préserve du froid préserve aussi de la chaleur*.

LETTRE XXI.

Jaen; Baylen; Andujar; Cordoue; Mosquée.

Il a fallu enfin quitter cette belle Grenade, et le courrier nous a conduits par un riant et fertile pays, en six heures, à *Jaen*, capitale du royaume possédé par les Maures pendant 530 ans; ils avaient rendu son commerce tellement florissant que 18,000 métiers de rubans et étoffes de soie y étaient en activité; mais hélas! à peine y trouve-t-on aujourd'hui quelque trace d'industrie!

Cette ville est entourée de murailles et de tours antiques; l'eau circule très abondamment dans de nombreuses fontaines. La façade de la Cathédrale, surmontée de deux belles tours, a trois portes ornées de bas-reliefs; le trésor et la sacristie contiennent des choses remarquables.

A 32 kilomètres plus loin se trouve la petite ville de *Baylen*, dont le triste séjour attriste encore davantage les cœurs français! C'est là qu'en 1808 le général *Dupont* signa cette désastreuse capitulation où 18,000 de nos soldats mirent bas les armes: ce qui occasionna la fuite de Madrid, que le roi *Joseph* fut forcé d'abandonner!...

Baylen et *Andujar* ne réunissent d'autre mérite que d'être ennuyeusement placés sur la route de Séville à Madrid. Cependant Andujar fabrique beaucoup d'*alcarazas*, vases d'argile poreuse qui ont la propriété singulière de rafraîchir les boissons, mérite qui n'est point à dédaigner dans un pays où l'un des principaux plaisirs consiste à boire frais!

Cordoue a été le berceau de beaucoup de savants et de grands capitaines. *Abderame II* en fit la capitale de son royaume; c'était alors l'apogée de sa gloire, et on y comptait 1,000,000 d'habitants, 300 Mosquées, 600 caravansérails, sans compter 6,000 sultanes ou eunuques, propriété particulière et souvent inutile du souverain, dont la garde se composait de 12,000 cavaliers. Tout cela est horriblement changé! 50,000 habitants, des rues étroites, tortueuses et mal pavées, quelques édifices de peu d'apparence, une triste *alameda* en dehors de ses noires murailles Mauresques ou Romaines (car Cordoue a la prétention d'avoir été fondée par *Marcellus*); tel est à peu près ce qui reste de tant de magnificence! Il est cependant bien entendu que j'en excepte la *mezquita* (Mosquée) ou Cathédrale, à laquelle rien ne peut se comparer! Une forêt de 850 colonnes de jaspe, albâtre, porphyre, granit, marbre de toute espèce, produit presque un labyrinthe de 38 nefs assez basses, dont les voûtes sont de bois précieux couverts d'ornements et de peintures; malheureusement l'ensemble de ce magnifique monument a été gâté dans le commencement du règne de *Charles-Quint* par la construction du chœur qui en occupe le milieu, lequel (quoique fort riche par son superbe maître-autel et un lampadaire de 4 mètres de tour, ciselés en or et argent massif, et la sculpture délicate de ses 120 stalles et des boiseries) détruit absolument ce bel ensemble! Parmi les 53 chapelles qui entourent cet édifice, il y en a une très curieuse qui était murée et qu'un éboulement n'a pu faire connaître qu'en 1815, et qu'on a eu le bon et rare esprit de conserver telle qu'elle était du temps des Maures : c'est le *zancaron* ou *sanctuaire du Coran*. On y entre par un magnifique portail en marbre blanc, sculpté très délicatement en style Mauresque ; le cintre est en mosaïque, fond bleu, et son travail byzantin est le plus riche qu'il y ait en Europe ; à l'entour des murs intérieurs le pavé est usé par la marche des pieux croyants qui pensaient gagner le Paradis de Mahomet et jouir des fraîches houris qui s'y trouvent en faisant, pieds nus, douze fois le tour de ce sanctuaire de l'islamisme.

Cette conservation miraculeuse est cause que le travail et l'excessif fini délicat des sculptures, moulures, peintures et mosaïques, l'emportent sur ce que nous avions admiré à l'*Alhambra;* on croit y entendre encore déclamer les pieux versets de l'Alcoran. L'illusion m'a semblé telle que j'ai cru pendant un instant que j'étais devenu Turc, et je mettais en doute si je n'étais pas circoncis ! ...

Tout le reste de cet immense édifice, orné de 19 portes de bronze, est encore tel qu'il était du temps des Maures, quoiqu'on l'ait réduit de moitié; on y arrive par un *patio* de 134 mètres, planté d'orangers, ayant trois jets d'eau et une grande piscine où les mahométans faisaient leurs ablutions avant d'entrer dans ce temple sacré, révéré à l'instar de la Mecque, et où les Mahométans venaient de toutes parts en pèlerinage.

Nous avons visité d'autres églises qui sont ridiculement riches. Elles contiennent force Saints, Vierges et Jésus dont les statues de bois colorié sont de grandeur naturelle et affublées de vêtements de soie ou de velours parsemés de pierreries. Chacun de ces Saints a fait beaucoup de *milagros* (miracles) qui sont attestés par les jambes, bras et béquilles suspendus près d'eux. Dans presque tout ce que nous avons vu d'églises, il n'y a ni bancs ni chaises; les fidèles sont obligés, pendant les très longs offices, de rester à genoux. Par tolérance, les femmes s'accroupissent, les jambes croisées comme les tailleurs. Excepté dans la semaine sainte, elles n'y portent jamais de livre de prières, dont beaucoup d'ailleurs ne pourraient faire usage, ne sachant point lire; mais chacune y agite son *abanico* avec grand bruit.

Nous avons trouvé à Cordoue une bonne et agréable *fonda* tenue par *Rizzi*, qui, par ma facilité à parler sa langue, m'a cru natif, comme lui, de la botte Italienne, et nous a traités en compatriotes. Son hôtel est orné d'un beau *patio*, avec jet d'eau, orangers et tables de marbre; ce qui formait pour nous un agréable salon de compagnie, sans préjudice d'une salle voisine où se trouvait un piano.

Notre hôte nous ayant engagés à visiter sa grande et belle maison de campagne, près de la *Sierra Morena*, on m'a donné pour cheval un très grand âne orné de pompons et selle rouge et jaune; Zélia avait une sorte de *chaise-selle* particulière au pays, assez semblable aux chevalets sur lesquels on scie le bois. La route était garnie d'*algarobas*, arbres de 6 à 800 ans qui portent des espèces de pois mange-tout. Cette maison de campagne serait productive s'il y avait plus d'eau; mais hélas! un faiseur de puits artésiens vient d'y perdre son latin! Du reste, ce jardin, assez mal cultivé, abonde en orangers, en citronniers doux et aigres, en grenadiers, en figuiers gigantesques, etc. Près de là, dans la *Sierra Morena*, il y a une communauté de 20 anachorètes, habillés de grosse laine, observant, pour le salut de leurs âmes, la règle la plus rigoureuse : ils prient toute la journée, jeûnent très souvent, et se donnent deux fois par semaine une très sanglante discipline! Cependant, nous et eux, nous vivons en l'an de grâce 1851!...

LETTRE XXII.

Cordoue; son beau cimetière; *el Trionfo*; l'Alcazar.

Malgré nos visites journalières à la célèbre Mosquée, nous cherchions à épuiser tous les plaisirs de la brûlante Cordoue; nous sommes donc allés..... au cimetière. Je ne me repens point de cette promenade funèbre, car j'y ai trouvé un arrangement préférable aux nôtres. C'est un beau jardin garni de fleurs, arbres exotiques, croix élégantes et chapelle où l'on chante en musique les offices du jour.

A l'enceinte des murs est adjointe une autre bâtisse de 2 mètres 70 centimètres de profondeur, qui règne tout à l'entour du cimetière, dans laquelle se trouve une enfilade de quatre trous de 70 centimètres carrés, les uns sur les autres. Chacun de ces trous renferme un cercueil, et le devant se ferme avec une plaque de marbre contenant les noms et armoiries du défunt. La fosse commune des pauvres est recouverte d'un dallage en brique, où l'on écrit un numéro pour chaque mort.

Hier, notre promenade a été dirigée vers les bords du Quadalquivir, dont les eaux très basses auraient grand besoin d'être canalisées, afin d'avoir une communication fluviale avec Séville. Près du rempart se trouve *el Trionfo*, grand monument du plus mauvais goût, élevé à *saint Raphaël*, patron de Cordoue. C'est un amas confus de rochers de marbre mêlé de têtes bizarres d'animaux, sur lesquels s'élèvent l'une sur l'autre, une tour de marbre rouge, et une colonne de marbre blanc surmontée de la statue du Saint, lequel doit se trouver là en très bon air.

A côté de ce ridicule monument, on voit les ruines de l'*Alcazar*, ancien palais d'*Abdérame*, qui aurait beaucoup de peine à le reconnaître, non plus que la place où s'élevait, dit-on, le magnifique palais de campagne de sa favorite *Zehra*, dont la construction avait coûté 75 millions! Il ne reste du premier que quatre grandes tours carrées et crénelées qui servent de prison. Les jardins du palais sont la propriété d'un riche habitant de Cordoue. Nous nous y sommes promenés avec beaucoup de plaisir, sous l'ombrage de ces arbres aux fruits dorés, qui rappellent le jardin des Hespérides. Outre une grande quantité de fleurs rares d'un éclat éblouissant, ces jardins contiennent deux grandes pièces d'eau remplies de poissons, une grande volière creusée dans le rocher d'une des grandes tours, et un *casino* d'habitation, d'où l'on jouit d'une belle vue sur la campagne et sur le pont du Quadalquivir.

Cordoue est une espèce de four brûlant, qui exclut toute sortie pendant le jour. Avant d'entrer dans ces jardins, nous avions cherché un peu de fraîcheur en nous asseyant sur des bancs de granit près du fleuve ; mais, hélas ! un soleil de 40 degrés les avait tellement échauffés, que les parties assises ont été cuites en peu d'instants, et, aux pommes de terre près, elles auraient pu offrir d'excellents beefteks !

Cette ville qui est grande est presque déserte ! Les habitants aisés ont une maison commode et agréable ; mais, excepté le plaisir d'y faire quelque douzaine d'enfants, l'ennui doit les y gagner souvent, malgré de rares *tertulias* qui ne consistent guère qu'en caquetages de *señoras*, maniant l'*abanico* avec dextérité, et qu'en conversations d'affaires entre les hommes qui se tiennent debout à l'autre extrémité du long salon. Tout se passe d'ailleurs à sec, sans l'apparition d'un seul verre d'eau sucrée!

On dit qu'à Cordoue, plus encore que dans d'autres villes espagnoles, les demoiselles ne reçoivent qu'une éducation très superficielle et négligée. Il y a cependant quelques maisons d'*éducation*, dont l'externat coûte 30 à 40 sols par mois! L'art musical y est dans l'enfance, quoiqu'il y ait des guitares ou des pianos dans beaucoup de maisons. Des *canciones* andalouses qui se terminent à la dominante, quelques petites vieilles sonates, ou des *polkas* (grande nouveauté!), voilà ce que travaillent pendant six ans la plupart des élèves. Plusieurs dames ont cependant un talent agréable; mais c'est hors de Cordoue qu'elles l'ont cultivé.

Je t'ai dit que dans le voyage de Séville à Grenade, j'étais *galérien*, maintenant je ne suis que *prisonnier*. Cordoue est une espèce de souricière où l'on entre très facilement. Quant à en sortir, c'est autre chose ! Le courier à deux places, ou la diligence de Séville à Madrid, sont les uniques véhicules un peu confortables ; mais ils sont toujours retenus pour huit ou quinze jours, et nous serons obligés de chercher quelque moyen de départ moins commode, et par d'autres chemins.

LETTRE XXIII.

Sierra Morena; Almaden; Ciudad-Réal; Orgaz; Tolède.

Par nécessité autant que par goût, nous nous sommes lancés de nouveau dans les chemins sauvages et pittoresques des montagnes. Ayant loué trois mules et un guide, nous avons gravi la *Sierra Morena*, traversant des forêts de pins qui contiennent quelques mines de charbon de de terre. Le sommet se compose de beaucoup de mamelons entrecoupés de petites vallées dont l'aspect est des plus romantiques! Notre déjeuner à *Villa Harta*, et notre dîner à *Villanueva del Duque*, auraient été affreusement espagnols, si nous n'avions pas eu la précaution d'emporter de Cordoue trois bons perdreaux, prévoyant secours contre la cuisine des *ventas*, où nous n'avions plus à supporter que de très mauvais couchers, mais où la fatigue procurait toujours un bon sommeil. Enfin, après avoir traversé la fertile plaine de *Pedroches*, nous sommes arrivés le troisième jour à *Almaden*, célèbre par ses mines de cinabre ou vif-argent, dont le produit annuel s'élève à plus de 20,000 quintaux, exploités par 5,000 ouvriers. De tous les travaux de mine, celui-ci est le plus malsain : les exhalaisons du mercure étant extrêmement pernicieuses! Les Carthaginois et les Romains qui s'occupaient déjà de cette riche exploitation, étaient plus humains que les Espagnols, car ils n'y employaient que des captifs et des esclaves. Cependant, aujourd'hui, par une bienfaisante concession à l'humanité, on ne travaille à ces mines que pendant l'hiver : les chaleurs de l'été augmentant beaucoup le danger. D'ailleurs Almaden possède un *hôpital des mineurs*, dont les lits, hélas ! sont presque toujours occupés. J'ai eu quelque velléité de descendre dans ces mines; mais leur grande route est une échelle perpendiculaire de 300 mètres, ce qui a paralysé mon courage de touriste.

Ciudad Real est une ville bien déchue de son antique splendeur; elle contient 11,000 habitants. Son aspect est assez triste, quoiqu'elle soit bien bâtie, et que ses vues soient droites et généralement belles. Un hôpital remarquable et sa principale église, *la Virgen del Prado*, méritent d'être vus. Sa place est un grand carré long avec deux rangs de loges. Elle est destinée aux combats de taureaux et aux fêtes publiques.

Nous étions alors dans la Manche, illustrée par *Michel Cervantes*; mais nous n'y avons point trouvé de *don Quichotte* pour nous barrer le chemin, ni pour adorer Zélia comme une nouvelle *Dulcinée du Toboso*; en revanche nous y avons vu beaucoup de moulins à vent et quantité de *Sancho Pança* : les ânes étant là très nombreux et très martyrisés, car on leur fait porter impitoyablement des charges énormes! Dans les petites villes où nous passions la nuit, nous entendions gratter dans les rues la guitare nationale, accompagnant des chants burlesques et d'une mélodie plus que singulière! Les paroles célébraient *los Toros*, ou quelques amours de *novios*, entremêlés de noms de chiens, de chats et de poules.

Une galère à deux roues assez incommode

nous a conduits en deux jours à Tolède, en traversant divers villages dont les terres sont bien cultivées. *Jebenes* est un bourg situé sur un rocher, dont les habitants possèdent de nombreux troupeaux de chèvres avec le poil desquelles ils fabriquent des tissus. On y récolte du miel en abondance.

Orgaz, petite ville située à mi-côté, possède une jolie église. Des ruines de son antique château-fort, on jouit d'une très belle vue. Celle du dîner que nous y fîmes était bien moins récréante! Pour potage, un infernal *gaspacho*, mets espagnol, composé de tranches de pain infusées dans un mélange de vinaigre, de concombres, d'ail, d'oignons et de piment; un lapin qu'il aurait fallu manger deux jours plus tôt; une espèce d'herbe qualifiée du nom de salade, arrosée d'huile de lampe; enfin une *tortilla* (omelette) aux tomates, sur laquelle mon appétit s'est rejeté; tel était le festin qu'on nous a servi! Cependant il est juste de dire que le vin de *Valdepenas* et de *Montillo* qu'on nous a fait boire était assez bon. C'est une espèce de Bordeaux très ordinaire.

Tolède, ancienne résidence des rois Goths et des rois Maures, était bien défendue contre ce dernier peuple par une ligne de châteaux-forts, élevés sur une étendue de 150 à 200 kilomètres de montagnes nommées *Montès de Toledo*, *Sierra del Duque*, etc. A l'instar de Rome, elle est bâtie sur sept petites collines, et entourée de trois côtés par le Tage qui sort en bouillonnant d'une montagne de granit. C'est une ville assez triste, mais dont les rues tortueuses et escarpées ne manquent point de propreté, brûlante en été, glaciale en hiver. Ses maisons garnies de balcons et de fenêtres grillées, sont massives comme des châteaux-forts Mauresques; et tout cela fait dire que Tolède est plus beau de loin que de près. Cette ville a la prétention d'avoir été fondée par Hercule, et on a donné son nom à une grande caverne que la nature y avait sans doute déjà formée du temps d'Adam! Quoi qu'il en soit, son séjour est assez agréable, et on y parle la langue castillane aussi purement que l'italien à Florence.

La Cathédrale, quoique moins vaste que celle de Séville, est cependant un magnifique monument d'architecture gothique. Cinq nefs, dont celle du milieu est d'une prodigieuse hauteur, sont supportées par 88 gros piliers composés chacun de 16 petites colonnes, de superbes vitraux coloriés, enchâssés dans une sculpture d'une grande délicatesse ; un maître-autel très élevé, garni d'une profusion de colonnettes, statues, etc. ; un grand nombre de peintures sur fond d'or; une belle *silleria* ou chœur dont les stalles et boiseries sont sculptés avec beaucoup d'art ; telles sont les principales merveilles de ce monument qui est l'un des plus beaux comme Cathédrale.

La chapelle *Mozaraba*, celle de *los Reyes Nuevos*, et celle de la *Virgen*, se distinguent par la richesse de leurs ornements. Cette dernière surtout est entièrement revêtue de jaspe, de porphyre et de marbre rare. C'est une espèce de foire aux reliques, dont la plus singulière est une belle chasuble *en toile du ciel*, apportée par la Sainte-Vierge en personne.

Le trésor et la sacristie renferment une foule d'ornements d'église, de robes et de bijoux à l'usage de la Vierge, qu'on ne pourrait guère évaluer à moins de 3 millions. Il est cependant à croire que la sainte et modeste mère de Jésus, n'aurait jamais été assez coquette pour s'affubler d'une garde-robe plus que royale, et d'un aussi riche assortiment de joailleries précieuses !

Le cloître gothique et ses murs peints à fresque méritent d'être observés, ainsi que les portes de bronze qui donnent entrée dans l'intérieur de la Cathédrale. Du haut de la tour qui a 110 mètres d'élévation, on jouirait du plaisir d'une admirable vue sur la ville, le Tage et les roches qui l'encaissent, si ce plaisir n'était pas cruellement acheté par l'ascension des espèces d'échelles qui servent d'escalier, et par un soleil Sénégalique qui aveugle les touristes curieux.

La *Juderia* ou quartier des juifs possède deux synagogues, dont l'une, *el Transito*, fut construite par *Lévi*, trésorier de *Pierre-le-Cruel*, qui l'accusa de je ne sais quel crime, afin que, par sa mort, il pût s'emparer de son immense fortune.

Les duellistes prisent fort la célèbre fabrique

des *lames de Tolède*, trempées de l'acier le plus fin, et qui se plient comme un jonc. C'est un très grand bâtiment situé à 2 kilomètres de la ville.

L'*Alcazar*, palais magnifique qui domine la ville, est remarquable par l'architecture de son portail formé de quatre colonnes ioniques et de sa belle façade de 120 mètres de largeur. On y admire un magnifique escalier ainsi que le *patio*, entouré de colonnes de granit. Les autres curiosités de Tolède sont *la Puerta del Sol* aussi en granit; le beau *pont* d'*Alcantara*, dont l'arche unique est immense, et l'*alameda*, promenade ornée de la présence du beau sexe Tolédain, dont l'élégante toilette espagnole et les beaux yeux noirs captivent l'attention des étrangers.

LETTRE XXIV.

Aranjuez ; Madrid ; le Prado ; *la Puerta del Sol ;* le théâtre *del Principe;* le palais de la Reine ; *la plaza Major.*

De Tolède à Aranjuez, la route est extrêmement poussiéreuse et ne présente que peu d'intérêt. Elle suit souvent le cours du Tage, à travers la vallée de la *Segra.* Les habitants des villages de *Valdegaba*, *Algodar*, *Villamejor* et *Castillejo*, cultivent assez bien leurs champs ; mais on dit qu'entre eux ils sont vindicatifs, et que la *navaja* (couteau castillan) y joue souvent un rôle actif.

Aranjuez est le Versailles de l'Espagne. C'est une ville de 6,000 habitants, un peu bâtie à la manière hollandaise, et située dans une plaine, sur la rive gauche du Tage. Là du moins on y trouve en abondance de l'eau et des arbres, deux choses si rares dans ce royaume péninsulaire !

Charles-Quint, *Philippe II* et *Philippe V* ont successivement bâti et embelli le palais d'Aranjuez, construit en briques rouges avec des pilastres de pierres blanches. Ses magnifiques jardins sont ornés de beaucoup de statues et de plusieurs pièces d'eau dont les jets sont d'un effet extraordinaire! Le parterre, le jardin *del Principe*, la *isla*, la cascade, la maison rustique et pittoresque *del Labrador*, offrent de charmants détails qui diffèrent de ce qu'on voit dans d'autres palais de plaisance. Les écuries royales et la *plaza de Toros*, méritent d'être visitées. La cour passe à Aranjuez une partie de la belle saison.

Aranjuez partage avec Mataro l'honneur d'avoir fourni à l'Espagne ses deux premiers chemins de fer, bien qu'ils soient extrêmement courts. Celui qui conduit à Madrid n'offre rien d'intéressant, si ce n'est que le terrain devient très aride en approchant de la capitale.

Madrid, ainsi que Versailles par *Louis XIV*, ne doit sa brillante existence, sur un sol ingrat, qu'à *Philippe II*, qui la déclara capitale du royaume. Il y a fait d'incroyables dépenses pour la rendre habitable par sa cour, malgré la nature rebelle de sa situation, dénuée d'eau, d'arbres et de végétation; mais ce n'est que sous *Charles-Quint* que Madrid a pris quelque splendeur. Il y a fixé la résidence royale qui, avant, se partageait entre Séville, Grenade, Valladolid et Tolède. Madrid est située au centre de l'Espagne; sa forme carrée a 9 kilomètres de tour, et on y compte 220,000 habitants. En venant du midi de l'Espagne, on y entre par le grand et beau pont de Tolède, digne de couvrir les eaux du Rhône ou de la Garonne; mais du milieu duquel on distingue un filet d'eau qui se nomme le *Mazanarès.* Ce pont est orné de plusieurs sculptures de mauvais goût, comme trophées et statues de *saint Isidro,* patron de Madrid, et de sa femme, nouvelle *Eve* pour la curiosité, car elle baisse la tête pour regarder s'il est vrai qu'un peu d'eau coule sous le pont?

Madrid, malgré la désertion de ses habitants qui, en été, vont aux bains de mer ou à l'étranger, présente de suite l'aspect de nos grandes capitales européennes. La porte de Tolède conduit à un grand nombre de rues très commerçantes; et en traversant la célèbre *puerta del Sol*, nous arrivâmes à la magnifique rue d'Alcala, plantée d'arbres, où est située la *fonda de Peninsulares*, qui est l'une des meilleures de Madrid, et où très heureusement on fait peu de cuisine vraiment espagnole.

Cette large rue d'Alcala est le passage principal des nombreux promeneurs et des équipages qui vont, tous les soirs, circuler au *Prado*, grande prairie sans gazon, dont on a fait une délicieuse promenade, qu'on pourrait nommer le *miroir de Madrid*; aussi nous sommes-nous empressés d'y aller le jour même de notre arrivée.

C'est un grand carré long de terre battue, garni de plusieurs allées de chaises, ombragées par des arbres hauts et touffus. Cette partie du Prado se nomme *el Salon*. La belle fontaine de *Neptune*, avec ses tritons de bronze, le sépare des allées d'arbres qui se terminent par une autre fontaine plus belle encore, la *fuenta Castellana* (fontaine Castillane), qui sert de rond-point aux équipages. Parmi ceux-ci se trouvaient la Reine *Isabelle*, le Roi, et plusieurs carrosses à trois chevaux. Ils revenaient de faire un pélerinage à Notre-Dame d'*Atocha*, ancien couvent de Dominicains qui se trouve à 2 kilomètres plus loin. Le royal cortège a fait plusieurs fois le tour du Prado.

La foule, qui circule avec peine dans les allées, porte ses regards alternativement sur les dames assises ou sur celles dont les carrosses somptueux circulent autour de cette agréable promenade, et en font chaque soir un très beau *Longchamp!*

Six autres fontaines en marbre et en bronze offrent successivement des jets d'eau d'une grande diversité, et entretiennent une fraîcheur qui, à Madrid, devient plus nécessaire qu'ailleurs. Les fontaines d'*Apollon* et de *Cybèle* sont celles qu'on admire le plus.

Au bout du *salon* on peut revenir du Prado par une place où l'on remarque la colonnade du palais de la chambre des *Cortez*. Au milieu de cette place est une statue de *Michel Cervantes*, joyeux auteur du *Don Quichotte*, qui semble rire un peu des lions emperruqués qui décorent la façade de ce temple des lois! De là, la belle rue de *San Geronimo* (où est le salon de lecture de *H. Monnier*, libraire français trèsobligeant pour ses compatriotes) conduit à la *Puerta del Sol*, qui n'est point une porte, comme son nom semblerait l'indiquer. C'est une très large rue ou carrefour, où viennent aboutir les grandes *callés* (rues) d'*Alcala*, de *San Geronimo*, de *la Montera*, *la calle Mayor*, *las Carretas*, *Arenal* et *Preciados*. Sa forme, qui est à peu près un grand carré long, n'a rien de régulier. Ses larges trottoirs latéraux sont bordés de très beaux magasins, cafés, et du bel hôtel du Ministre des finances. On ne peut se faire idée de la grande animation qui y règne à toutes les heures du jour ! La *Puerta del Sol* est une espèce de Bourse où se traitent les affaires d'argent et quelquefois d'amour ; c'est le rendez-vous des oisifs qui y fument leur *cigaretta*, des gens du peuple affublés de leur chaude *capa* en plein soleil, des marchands d'*agua*, et des billets de loterie, etc. De rapides voitures débouchent à chaque instant des rues voisines, pour traverser cette foule compacte, et il faut beaucoup de bonheur et d'adresse pour ne pas y être écrasé !

Malgré 33 degrés de chaleur, nous sommes allés, ce matin, visiter le palais de la Reine, situé au-delà du théâtre *el Principe*, le plus beau de Madrid, où viennent de briller *Frezzolini, Alboni, Ronconi, Baroilhet*, etc. Cette belle scène n'offre maintenant qu'un spectacle bien affligeant pour l'art musical ! Le gouvernement ne subventionnant pas, et les engagements des premiers sujets étant d'un prix fabuleux, une faillite s'en est suivie ! Dans ceci, comme dans la fable des poissons, les gros ont rompu le filet, et les petits n'ont eu d'autre refuge que la poêle à frire ! Ces derniers représentent les musiciens de l'orchestre, les troisièmes rôles, les pauvres choristes, etc., tandis qu'on dit que les grands artistes ont su se faire payer. En attendant, on vend à l'encan les décorations, les costumes, et jusqu'aux partitions d'opéras !

Le palais de la Reine, situé sur une petite éminence qui domine Madrid et les tristes campagnes environnantes, est un grand édifice carré à quatre façades, dont la principale donne sur un joli jardin public entouré d'une grille et d'une place demi-circulaire. Des bancs de marbre y reçoivent beaucoup de promeneurs qui n'y sont abrités du soleil que par des arbres insignifiants par leur ombrage : encore n'ont-ils pu croître que par le puits rond creusé autour de leurs racines, qui y reçoit une irrigation factice. Au milieu de ce jardin que l'art et les galions de l'Amérique semblent avoir arraché à la nature, on admire la statue de *Philippe IV*, monté sur son cheval de bataille, et qui passe pour être l'un des plus beaux chefs-d'œuvre de ce genre.

Du palais de la Reine nous n'avons pu voir que le grand escalier, qui est magnifique. S. M. *Isabelle* II et sa nombreuse cour en occupent les appartements, qu'il n'était alors point permis de visiter. Nous avons dû présumer, d'ailleurs, que l'intérieur de ce beau palais devait ressembler à un grand nombre de ceux que nous avons vus dans la plupart des capitales de l'Europe : immenses salons revêtus de marbre, force dorures, des lustres et des glaces en quantité, de beaux tableaux, etc., etc. Cependant, nous avons eu la pieuse consolation d'assister à la Messe dans la chapelle royale, où le célèbre *maestro Eslava* nous a conduits. Nous y avons entendu une belle Messe de sa composition; mais le nombre des chanteurs et des instrumentistes est plus de moitié moins grand qu'à notre chapelle des Tuileries, où j'ai fait jadis mon salut en y chantant, pendant vingt ans, une infinité de Messes.

Près du palais se trouvent la place *del Oriente*, garnie de bancs, qui est une jolie promenade, et la belle église des Jésuites. En revenant vers la *Puerta del Sol*, on arrive à la grande *plaza Mayor*, qui a 145 mètres de long sur 110 de large, et dont les maisons, régulièrement bâties, ont cinq étages ornés de balcons. C'est là que se célébraient jadis les *autodafé* de la Sainte-Inquisition, et qu'on fouettait et brûlait en musique les suspects d'hérésie et de Judaïsme! Aujourd'hui la cruauté espagnole est en grande décadence, et on se borne à organiser dans cette belle place des fêtes quelquefois sanglantes! Si la Reine *Isabelle*, qui est dans une position intéressante, accouche d'un Prince, il s'y fera d'immenses réjouissances dont la principale sera trois journées de combats de taureaux. On y fera tous les préparatifs nécessaires pour cette *fun-*

cion si chère aux Espagnols. Alors ce ne seront plus de vieux chevaux étiques qui viendraient tranquillement se faire éventrer, ni des *espadas* à 1,000 fr. par soirée, des *piccadores* à 300 fr., des *chulos* à 150 fr.; ce seront des Ducs, des Marquis et la *fine fleur des pois* espagnols, élèves du célèbre *Montès* et autres toréadors, qui rempliront ces rôles si dangereux, revêtus des costumes les plus riches et montés sur de superbes chevaux andalous!

LETTRE XXV.

Madrid; le *Buen-Retiro;* le Musée d'Artillerie; le Jardin botanique; le monument du *Dos de Mayo;* le Musée de Peinture et de Sculpture.

Nous avons fait aussi notre genre de prouesses en visitant de midi à quatre heures, par un soleil brûlant, les jardins particuliers de la Reine, au *Buen-Retiro.*

Avant la guerre de 1808, un palais, un théâtre, un Muséum y appelaient l'attention des voyageurs curieux; mais les Français en ayant fait un poste militaire, il n'en est resté que des ruines, reliquat ordinaire des assauts et des batailles! Depuis, ces vastes jardins ont été restaurés et embellis par *Ferdinand VII.* Le terrain en est stérile et ingrat; aucun des arbres nombreux qui s'y trouvent n'aurait poussé sans leur trou briqué et une rigole d'eau qui les relie les uns aux autres. Une douzaine de pavillons plus ou moins grands s'y trouvent épars sous les noms de *Casa-Rustica*, *Sitio-Real*, *Mirador* (belvéder), etc. En général, comme la famille royale, dans ses diverses branches, a beaucoup d'enfants, il semble que ces jardins aient été arrangés pour leur servir de *joujoux*, et les mannequins automates y abondent. Dans quelques-uns, en poussant un ressort, on voit une paysanne qui file en berçant son enfant; une autre qui bat du beurre; un nègre et sa femme qui se font des grimaces; un malade au lit qui se lève sur son séant pour boire de la tisane, environné de tous les ustensiles de pharmacie, y compris le vase nécessaire, etc., etc.

Plusieurs de ces pavillons contiennent des appartements et des salons d'une disposition et d'ornements bizarres. Sur l'un il y a un belvéder d'où l'on découvre tout Madrid et ses environs, qui sont peu récréants pour la vue par leur sèche et aride nudité! Des montagnes pelées, des champs jaunâtres dénués d'arbres, tel est le coup d'œil du panorama de cet *oasis factice* qui a dû coûter des sommes immenses!

Un petit lac sépare ces jardins particuliers

des nombreuses allées de la partie du *Buen-Retiro* abandonnée au public. Un beau pavillon, orné d'un magnifique salon de marbre en rotonde, contient aussi intérieurement plusieurs petits bassins où la famille royale s'embarque dans de jolis canots. Dans ce lac nagent des oiseaux aquatiques qui auraient bien besoin d'un parasol pour leur promenade.

Près de là se trouve une ménagerie peu complète.

On entre au jardin public ou parc du *Buen-Retiro* par un portique d'une architecture originale, nommé *la Gloriella*. C'est une promenade agréable pour les personnes qui aiment à faire de l'exercice ou à lire sous des ombrages frais, peu fréquentés par la foule. Celle-ci se promène plus ordinairement dans le grand et superbe parterre orné de statues et de pièces d'eau, qui forme une partie de cet immense jardin.

Dans les environs se trouvent aussi deux autres jolies promenades : *las Delicias*, qui fait suite au Prado, et *la Florida*, dont les belles allées plantées d'arbres s'étendent fort loin sur la rive droite du Manzanarès.

Ce quartier regorge de monuments ou établissements curieux à visiter. Ce sont : le Musée d'artillerie, le Jardin botanique, le Muséum de Peinture et de Sculpture, le monument du *Dos de Mayo*, et le cirque de *los Toros*. Près de la porte d'*Atocha* se trouvent aussi le *Campo-Santo* (le *Père-la-Chaise* de Madrid) et l'Observatoire d'astronomie.

C'est dans le très grand *patio* de *Buen-Retiro* que se trouve le Musée d'Artillerie. Il contient un *specimen* de toutes les diverses espèces d'armes dont l'Espagne a pu faire usage depuis mille ans, ainsi que tous les ustensiles et armes de guerre des sauvages qui peuplaient les colonies espagnoles. La tente de *Charles-Quint* y est déployée, et plusieurs salles sont consacrées aux plans en relief de toutes les places fortes du royaume.

Le jardin botanique est situé vers la partie gauche du Prado, près de la superbe porte d'*Alcala*, construite en 1778 en l'honneur de *Charles III*. Ce jardin, entouré d'une belle grille de fer, est un oasis de fleurs et de plantes rares étonnées de leur fraîcheur au milieu de l'aride Castille. Elles sont classées avec beaucoup d'ordre, selon le système de *Linnée.*

Le monument du *Dos de Mayo* (2 mai 1808) a été élevé à la mémoire de trois officiers d'artillerie et de leurs compagnons, qui succombèrent avec valeur dans la guerre de l'indépendance. C'est un grand cippe funéraire en granit gris, surmonté d'un obélisque en granit rouge, assez semblable à notre obélisque de Luxor.

Le Muséum de Peinture est l'un des plus curieux et des plus riches qu'il y ait en Europe, quoique l'architecture de sa façade soit d'assez mauvais goût.

En général, la *nationalité* s'y fait apercevoir, et, dans une foule de bons tableaux de peintres espagnols, on se plaint de n'y apercevoir qu'assez rarement des chefs-d'œuvre de leurs confrères italiens, français, flamands, etc.; attendu que « charité bien ordonnée commence par soi-même. » Cependant, on peut y admirer 27 *Bassanos*, 49 *Brughels*, 8 *Canos*, 10 *Claude Lorrain*, 22 *Van Dick*, 16 *Guido* 55 *Giordano*,

13 *Moro*, 46 *Murillo*, 3 *Parmegianino*, 21 *Poussin*, 10 *Raphaël*, 53 *Ribera*, 62 *Rubens*, 23 *Snyders*, 52 *Téniers*, 43 *Titien*, 27 *Tintorello*, 62 *Vélasquez*, 24 *P. Véronèse*, 10 *Wouwermans*, et 14 *Zurbaran*. Voilà néanmoins de quoi satisfaire les yeux du touriste amateur du beau et grand art de la Peinture!

Une douzaine de grandes salles contiennent environ 2,000 tableaux. Quelques peintres critiquent leur disposition, en se plaignant que (cet édifice ayant eu jadis une autre destination) les jours n'y sont pas assez bien ménagés. Quoi qu'il en soit, c'est une délicieuse promenade artistique, surtout pendant l'été. On y jouit de l'immense variété des sujets que les grands peintres de toutes les époques ont laissé comme monuments de leur génie. L'élévation des salles et des stores habilement placés y entretiennent la fraîcheur. Tous les planchers en sparterie sont suffisamment garnis de bancs en velours rouge pour reposer les visiteurs.

Les éloges ou la critique de tous ces tableaux contiendrait un grand nombre de pages peu intéressantes pour les lecteurs qui n'auraient pu les examiner eux-mêmes. Il serait donc superflu et fastidieux de s'étendre sur ce sujet ; et puisque nous parlons de l'Espagne, il sera suffisant d'exprimer en peu de mots l'opinion générale sur les grands maîtres de ce pays.

Ils excellent surtout à peindre les sujets ascétiques de la vie des saints; et aucun peintre étranger n'a mieux réussi à caractériser ces têtes effrayantes de martyrs et d'ermites du désert, ainsi que certaines grandes scènes dramatiques de l'Ancien et du Nouveau-Testament. Le grand génie des *Velasquez, Murillo, Ribera, Zurbaran, Coello, Palomino, Raphamengs, etc.*, a placé ces grands peintres espagnols au premier rang de ceux dont l'Europe artistique s'honore! L'examen de leurs chefs-d'œuvre saisit instantanément et l'âme se pénètre des sensations les plus vives!

Goya est aussi un grand peintre extrêmement original! Quoiqu'il ait laissé beaucoup de bons tableaux d'un genre sérieux, certain penchant à la gaîté l'a fait adonner souvent à peindre des sujets très spirituels où la satire et même la caricature dominent avec un art inimitable. Il était premier peintre du roi *Charles IV*, et beaucoup de courtisans de cette cour ont été stigmatisés par son pinceau railleur!

La galerie de Sculpture qui se trouve au bas de l'escalier mérite peu l'attention des connaisseurs qui ont vu, dans d'autres royaumes, des choses infiniment plus remarquables. Ce qu'il y a de mieux, ce sont quelques bronzes antiques qui ont appartenu à la célèbre *Christine* de Suède, dont la galerie des Cerfs, à Fontainebleau, a conservé un sanglant souvenir! Parmi les statues modernes on remarque *Charles IV* et sa femme *Luisa;* un buste d'albâtre de *Philippe II; Alexandre* mourant; *Isabelle*, femme de *Charles V*, etc. Les peintres espagnols ont laissé bien loin derrière eux leurs compatriotes sculpteurs!

LETTRE XXVI.

L'Escurial; Saint-Ildefonse ou la Granja; Ségovie; Valladolid.

Pour varier nos plaisirs, nous avons ajourné nos visites aux autres monuments curieux de Madrid, et nous sommes partis pour l'*Escurial* dans une espèce de diligence-omnibus.

Les 32 kilomètres à faire pour y arriver sont peu récréants. Une triste solitude, des ponts sans eau à traverser, tout dispose aux sensations mélancoliques que fait naître ce séjour de la mort : autrefois, deux cents moines assez bons-vivants y jetaient un peu d'animation; mais aujourd'hui leur vaste cuisine, les nombreux corridors de leurs cellules et les 10,500 petites fenêtres qui les éclairaient sont dénués d'habitants.

On sait que *Philippe II* fut forcé, dans une guerre, de bombarder un couvent de Saint-Laurent, et qu'une terreur panique, pendant la bataille de Saint-Quentin, lui fit appeler à son aide ce grand Saint, en faisant le vœu de lui bâtir un autre couvent bien plus beau que celui qu'il avait détruit! En effet, l'Escurial (*Escorial* en espagnol), bâti entièrement en triste granit gris, a la forme du saint gril où l'on fit rôtir jadis ce Saint infortuné, qui cependant s'y trouvait si bien qu'il disait à ses bourreaux : « Maintenant, retournez-moi de l'autre côté. »

Les touristes ont besoin d'un autre genre de courage pour subir cette longue et fatigante promenade à travers 12 cloîtres, 16 cours, 80 escaliers et 1,000 mètres de murs peints a fresque, le tout surmonté de 8 tours et d'un dôme. On se perdrait dans un tel labyrinthe si l'on n'y était soigneusement guidé par....... un aveugle, *cicerone* de l'endroit, qui vous décrit chaque point de vue, chaque tableau, chaque statue, et qui se souvient très bien des voyageurs qui y seraient déjà venus, il y a quatre ou cinq ans.

Du reste, l'Escurial est à peu près le *Saint-Denis* espagnol. Les Rois y reposent dans le *Panthéon* souterrain, qui ne contient guère de grands hommes! C'est une immense salle revêtue de jaspe et de porphyre. Les corps des défuntes majestés reposent à l'abri des révolutions, dans des cippes antiques pratiqués dans les murailles. L'Espagne étant la mère-patrie de l'étiquette, les Infants ont à part une autre salle funèbre : 40 chapelles sont dans l'église; elles étaient fort riches et la sacristie encore davantage; mais les guerres civiles et étrangères, qui se sont succédé pendant quarante ans, ont entièrement dépouillé l'Escurial.

Cet immense monument, bâti à si grands frais au pied de hautes montagnes arides ou neigeuses, près de celle nommée *Guadarrama* (pourvoyeuse glaciale de tous les cafés de Madrid), est élevé de 5 à 6 étages. Sa funèbre destination se fait bien vite sentir par la froide humidité qui vous saisit en le visitant, et on doit remercier l'aveugle et intelligent *Cornelio* de vous réchauffer en vous faisant faire deux ascensions : l'une au dôme où l'on observe l'Escurial à vol d'oiseau, et l'autre à une petite plate-forme de la montagne où *Philippe II* allait souvent s'asseoir pour voir les progrès de bâtisse de ce couvent où *Charles-Quint*, après tant de victoires, a commis la sottise de se faire moine !

Nous avions tant entendu parler des magnifiques jardins de *Saint-Ildefonse* ou de *la Granja*, que nous nous décidâmes à faire à dos de mulet la journée de chemin qui les sépare de l'Escurial. Comme le temps était beau et la chaleur très modérée, nous arrivâmes sans autre inconvénient qu'un peu de fatigue à *Guadarrama*, village situé de l'autre côté de la montagne du même nom, dont le passage à travers une forêt de pins élevés est singulièrement sauvage ! Après y avoir médiocrement déjeuné, nous nous rendîmes à la *casa de Infantes*, bonne *fonda* près de *la Granja*.

Le palais de Saint-Ildefonse fut, sous *Ferdinand VII*, le théâtre politique de plusieurs coups-d'état. Bâti sur un site fort élevé, dans le style d'un édifice français, par *Philippe V* (qui voulait y retracer un peu le souvenir de Versailles, où il avait passé son enfance), le grand froid qui y règne en hiver y devient une fraîcheur agréable pendant trois mois d'été : ce qui lui procure alors la visite et la résidence de la cour. C'était jadis une modeste grange des moines de Ségovie. S'ils pouvaient ressusciter, ils se croiraient en paradis en parcourant les délicieux jardins, le vaste parterre de fleurs, et en admirant les statues, les cascades, les 26 belles fontaines qui ont pris la place des champs rustiques qu'ils faisaient cultiver! Du reste, cette transformation ne doit son miracle qu'à 45 millions de piastres que *Philippe V* y a dépensés, stimulé sans doute par le prodigue exemple de *Louis XIV*, son grand-père. Les appartements sont nombreux, grands et beaux, quoique leur mobilier soit loin d'une royale splendeur.

Deux heures de chemin conduisent à *Ségovie*, dont la tour élevée était jadis la bastille de l'Espagne. Ses rues irrégulières et étroites s'étendent sur un rocher environné de deux ruisseaux, l'*Eresma* et le *Clamores*, qu'on passe sur cinq ponts. On dit que cette ville a été fondée par *Hercule*, mais il est assez difficile de vérifier ce fait. Du moins est-il certain que ce n'est point lui qui a fait construire sa belle Cathédrale, ni même ce superbe aqueduc romain, qui a 159 ès hautes arches, et dont la longueur est de

72 mètres jusqu'au premier angle, 151 mètres au second, 306 mètres au troisième, enfin de 315 mètres jusqu'au mur de la ville! Une partie en a été plusieurs fois détruite, puis restaurée. L'*Alcazar* et ses tourelles crénelées semblent avoir été bâties dans les airs, et on peut juger des magnifiques points de vue dont on jouit du haut de ce palais Gotho-Mauresque!

Avant de retourner à Madrid, nous voulions faire un long détour pour visiter rapidement les provinces de Valladolid, des Asturies et de la Galice, tournée aussi pittoresque que fatigante.

Valladolid, éloignée de Ségovie de 80 kilomètres parcourus sans intérêt, a été, comme tant d'autres villes de ce royaume, Romaine, Maure et Espagnole. Elle a pour voisines incommodes deux rivières, la *Esguera* et la *Pizuerga*, qui débordent assez souvent dans ses rues. Ses 24,000 habitants sont aujourd'hui aussi paisibles que leurs ancêtres étaient jadis remuants et belliqueux. On y remarque un couvent fort beau, qui appartenait à l'Inquisition; aujourd'hui on en a fait une chancellerie et une prison.

L'Université et le *colegio mayor Santa-Cruz* ont de la célébrité. Ce dernier possède une collection de tableaux estimés.

L'intérieur de la Cathédrale est grandiose quoique simple ; on y remarque les antiques stalles du chœur, l'assomption du maître-autel, la *crucifixion* et la *transfiguration*, dues aux pinceaux de *Velasquez* et de *Giordano*.

En observant en passant la *Fuente dorada* (Fontaine dorée), on arrive à la *plaza Mayor*, qui servit de modèle à celle de Madrid. Ses portiques sont soutenus par quatre cents colonnes de granit. Cette place, où avaient lieu les *auto-dafé*, sert maintenant aux exécutions et aux combats de taureaux : ce qui ne change que peu sa destination primitive!

LETTRE XXVII.

Léon; Oviédo; Lugo; le Ferrol; la Corogne; Saint-Jacques de Compostelle; Salamanque.

Les provinces du nord-ouest de l'Espagne sont moins connues des touristes, et cependant elles méritent, sous beaucoup de rapports, d'être visitées; mais pour cela il faut s'armer de courage pour y suppléer souvent au manque de diligences, et de résignation pour se contenter de mauvais gîtes et de la nourriture tout espagnole qu'on y trouve à peine dans certains endroits.

On sait que beaucoup de provinces de l'Espagne ont été honorées du titre pompeux de *Royaume;* parmi celles-ci on distinguait le royaume de *Léon.* Sa capitale, qui n'a plus que 5,500 habitants, est distante de Valladolid de 12 myriamètres qu'on parcourt, en diligence, par une route souvent montueuse. La Cathédrale de Léon passe pour être l'une des plus belles de l'Espagne, où cependant tant d'autres sont plus ou moins superbes. Étant vue de la place, son portail, ses trois portes chargées de sculptures, ses deux tours élancées, en font un des plus beaux monuments d'architecture gothique par la légèreté de leur structure, leur grande élévation et les justes proportions qui y règnent ! L'intérieur est aussi très remarquable par ses beaux vitraux coloriés, ses stalles de chœur et ses riches tombeaux qui contiennent trente-sept Rois, un Empereur et quantité de Saints.

La province des *Asturies* est assez pauvre, et ce n'est qu'en chevauchant sur des mulets, qu'on peut parcourir ses montagnes et ses vallons, dont les sites sont pittoresques. *Oviedo*, sa capitale, est une ancienne ville, cependant ses rues sont assez droites et régulières; les quatre principales aboutissent à une grande et belle place. Il y a plusieurs jolies promenades, parmi lesquelles on distingue celle de *San-Francisco*. Hors de la ville on remarque le bel édifice de l'Université et un aqueduc soutenu par quarante arcades.

La *Galicie*, située près des frontières du Portugal, était aussi un Royaume. Une chaîne de montagnes, où il y a beaucoup de loups et de sangliers, la partage vers le milieu ; son climat tempéré est souvent humide. Sa nombreuse population s'y occupe du commerce de laines et de bêtes à cornes, mais une grande partie émigre, comme nos Auvergnats, pour devenir porteurs d'eau, commissionnaires, etc., dans les principales villes de l'Espagne.

Lugo, ancienne ville romaine, est la Capitale de cette Province. Elle contient douze places et d'assez belles rues; mais, ce qui est plus digne de l'attention des touristes gastronomes, c'est qu'on y mange d'excellentes truites, lamproies et saumons pêchés dans le *Mino*, dont les débordements sont quelquefois fatals aux maisons qui en sont voisines.

Le *Ferrol* pourrait passer pour être le Toulon de l'Espagne, s'il s'y trouvait un plus grand nombre de vaisseaux de guerre. Son port est très sûr, et il est défendu par de fortes redoutes. Les casernes et l'École de Marine sont des édifices remarquables. La *Darsena*, chantier de 115,000 mètres carrés, et l'*alameda* méritent d'être visités.

La *Corogne,* située au fond d'une baie qui forme un croissant, est l'un des meilleurs ports de l'Espagne. Cette ville, de 16,000 habitants, offre plus de ressources d'agréments que toutes les autres Provinces environnantes. On y trouve un grand théâtre, une charmante promenade, dite la *Marina,* et, dans la nouvelle ville, plusieurs belles rues, notamment celle de *Espoz y Mina,* dont les maisons de granit sont ornées de balcons vitrés qui sont des espèces de boudoirs.

Sur une hauteur, on voit un beau phare, dit la tour d'*Hercule,* où vraisemblablement il n'est jamais monté!

A 50 kilomètres de la Corogne, on entre dans la ville de *Santiago* ou *saint Jacques de Compostelle,* célèbre par les pieux pèlerinages qu'on y fait de tous les coins de l'Espagne, comme les Mahométants pour la Mecque. Cette ville sainte n'offre d'autres curiosités que sa Cathédrale, point de mire de tous les dévots qui y arrivent en habits de pèlerin, sans oublier la gourde, les coquilles et le grand chapeau traditionnels. C'est aussi un beau monument d'architecture gothique. Outre une grande quantité de reliques enchâssées richement et ornées de diamants et de pierres précieuses, son splendide tabernacle, ses vingt-trois chapelles, son beau cloître et ses nombreuses coupoles, sont généralement admirés.

Comme nous avions peu de péchés à expier, nous n'avons pas fait un long séjour à Santiago, et une assez bonne diligence nous a conduits en deux jours à Salamanque, en passant par *Orenze, Braganza* et *Zamora,* très petites villes qui n'offrent rien de remarquable.

Salamanque est l'une des villes d'Espagne dont on parle le plus, son Université étant aussi célèbre que celle d'Oxford en Angleterre. Sans les ravages désastreux qu'entraîne la guerre, elle pourrait s'appeler une *petite Rome,* à cause de la quantité de beaux monuments qu'elle contenait. Sa *plaza Mayor* est la plus grande du Royaume ; ses maisons, soutenues par une colonnade de 90 portiques, ont trois étages garnis de balcons qui font le tour de la place ; aussi dit-on que, les jours de *corrida de toros,* elle contient 15 à 20,000 spectateurs, et que la recette se monte à près de 90,000 réaux !

La pauvreté des étudiants de Salamanque est passée en proverbe; mais, tout en grattant leur guitare après leurs maigres repas, ils sont fiers et parfois *rageurs* et peu philosophes, bien qu'ils aient fait leur philosophie à l'Université. Nous en avons eu la preuve dans une rixe dont nous avons été témoins, où les coups de pied et coups de poing devenaient des arguments *ad hominem!*

L'Université est un édifice considérable; on dit qu'elle entretient plus de 150 professeurs.

La Cathédrale a été bâtie en 1513, et elle est un *specimen* du style gothique dans le siècle de Léon X. Son portail est surchargé de statues de Saints. Parmi les reliques précieuses, on remarque le *Crucifix des batailles* que le *Cid* faisait porter devant lui dans le combat. Plusieurs tombes du 13e siècle méritent d'être observées.

Le grand couvent des Jésuites, qui sert aujourd'hui de séminaire, est d'une magnificence qui prouve que ces bons pères, auxquels on prêtait tant de vertus, pratiquaient peu celle d'une humble pauvreté.

Le Colisée ou théâtre, propriété de l'hôpital civil, est un bel édifice dont les deux rangs de loges et les balcons de fer doré peuvent contenir 1,500 personnes.

Salamanque se vante aussi d'une haute antiquité. Elle est bâtie sur trois petites montagnes; en sortant de ses vieilles murailles par la *puerta de San-Pablo,* ornée d'une grande collection de Saints, on arrive à une petite rivière : la *Tormes,* qu'on passe sur un pont au milieu duquel s'élève un pavillon, et qui fut construit sous l'empereur *Trajan.* Quoique réparé à bien des époques différentes, on assure que ce sont toujours les *mêmes pierres* qui jadis ont vu passer les cohortes romaines. Il existe de ces antiquaires fanatiques qui sont fiers et charmés de patauger dans la même boue qui a sali les Romains, il y a 2,000 ans !

LETTRE XXVIII.

Madrid ; son air pernicieux ; académie de *San-Fernando* ; *la casa de los heros* ; *el deposito hydrographico* ; *l'armeria reale*.

Malgré les plaisirs variés de notre excursion, nous avions hâte de revenir à Madrid pour y retrouver les nouveaux amis qui nous y avaient fait un charmant accueil, et y achever nos visites à tout ce que cette grande et belle capitale renferme de curieux.

Nous nous sommes donc empressés de saisir deux mauvaises places qui restaient dans la diligence. *Zélia* a obtenu une sixième place de milieu dans l'intérieur, où de jeunes espagnols se sont bien gardé de lui offrir un coin ; et je me suis huché dans une troisième place d'impériale (qu'on appelle ici *coupé*), qui réunissait l'incommodité au péril. A cet agrément on peut ajouter d'affreux cahotements sur ces très mauvaises *routes royales* qu'on n'entretient jamais; de plus, on y subit davantage cette excessive chaleur qui nous a fait fondre quelques livres de bonne graisse française, et qui a fait diminuer mon nez d'un quart!

Enfin, nous avons eu le bonheur d'arriver sans encombre dans ce beau Madrid, dont la résidence nous semble de plus en plus agréable, d'après les améliorations qu'on m'a dit y avoir été faites depuis quinze ou vingt ans.

Les rues, dans cette saison, sont très propres, sans boue ni poussière, et les larges dalles des trottoirs qui, dans plusieurs belles rues, peuvent contenir dix personnes de front, ne fatiguent aucunement les nombreux promeneurs. Malheureusement, on assure que le séjour de Madrid n'est pas sain : ce qui provient sans doute de la chaîne de montagnes neigeuses qui en sont distantes de 20 à 24 kilomètres, et qui y répandent un air humide et froid au milieu d'une brûlante chaleur. Les étrangers surtout qui n'y sont point accoutumés peuvent y courir de grands et prompts dangers ; deux adages espagnols en font foi :

« El aire de Madrid es tan sotil
« Que mata a un hombre, y no apaga a un candil ! »

(L'air de Madrid est si subtil,
Qu'il tue un homme et ne souffle pas une chandelle !)

« Tres meses de invierno y nueve del infierno ! »

(Trois mois d'hiver et neuf de l'enfer !)

Du reste, plusieurs médecins nous ont dit qu'il y a certains refroidissements subits ou points de côté, qui vous emportent dans trois heures, sans confession : ce qui est bien pire !

Au commencement de la rue d'Alcala, se trouve l'académie royale de *San-Fernando*, édifice orné d'un superbe escalier. Le rez-de-chaussée se compose de diverses salles où l'on voit beaucoup de plâtres, copies de monuments Grecs et Romains et des principaux chefs-d'œuvre de la Sculpture antique. Puissent ces derniers inspirer les sculpteurs espagnols, qui en auraient passablement besoin !

Le premier étage contient, dans une demi-douzaine de salons, de très belles toiles de *Zurbaran, Ribera, Goya, Murillo*, etc. On y voit avec une admiration mêlée de dégoût, l'un des chefs-d'œuvre de ce dernier : « *sainte Isabelle* « *de Hongrie, pansant la tête teigneuse d'un* « *enfant.* » On y remarque aussi plusieurs séries historiques de statuettes en bois colorié, dont l'une : le *massacre des Innocents*, est effrayante de vérité, comme représentation de scènes sanglantes!

Les objets très remarquables d'histoire naturelle, au second étage, sont renfermés dans des armoires à glace qui garnissent le tour des appartements. Ce qu'on ne trouve dans aucun pays : c'est une très riche collection de marbres sortis des carrières espagnoles, d'où l'on en extrait une nombreuse et riche variété. Les minéraux et la collection de pierres précieuses de tout genre, dont plusieurs sont d'une immense valeur, sont aussi dignes de l'attention du touriste.

Le milieu de ces salles contient toute espèce de grands animaux empaillés. Les reptiles, les oiseaux, les poissons, les singes y sont aussi fort bien classés. Une salle est consacrée aux squelettes d'hommes et d'animaux; parmi ceux-ci se distingue le *mégalérion*, quadrupède antédiluvien, auprès duquel l'éléphant n'est qu'une miniature! Trois autres petites salles contiennent des *specimen* de curiosités Chinoises, Indiennes, Mauresques et des peuplades sauvages de l'Amérique du sud.

Vis-à-vis de l'académie de *San-Fernando*, on visite avec plaisir *la Casa de los Heros*, grand magasin de cristaux, et le *Deposito Hidrografico*, où se trouvent une belle bibliothèque, ainsi que des instruments astronomiques et nautiques.

Près du palais se trouve l'*Armeria Real*. En y entrant on se croit de suite transporté aux meilleurs temps de la chevalerie! Plusieurs centaines de guerriers à cheval, armés de toutes pièces, y sont rangés sur plusieurs files; les murs sont garnis d'antiques bannières prises sur l'ennemi; des selles ornées de plaques d'or et d'argent, de riches casques, cuirasses, brassards damasquinés en or ou de l'acier le plus éclatant y brillent de toutes parts!

La plupart de ces armures sont historiques et ont appartenu à des Rois, des Princes et à de grands Capitaines plus ou moins célèbres. Nous avons eu la douleur d'y remarquer le superbe casque que portait notre roi François Ier à cette déplorable bataille de Pavie!... Les murs sont tapissés de toute espèce d'armes de luxe : fusils de chasse, sabres, pistolets, poignards, masses d'armes, lances, etc., qui ont appartenu à des personnages illustres. Presque toutes ces armes sont du travail le plus fini, comme gravure en bosse ou damasquinées en or.

On y remarque aussi plusieurs curiosités bizarres : la voiture en bois noir sculpté de *Jeanne-la-Folle*, mère de *Charles-Quint*; la carriole de ce monarque avec ses rideaux et coussins de cuir; un carrosse d'acier offert à *Ferdinand VII*, etc.

LETTRE XXIX.

Madrid; *el Pardo;* l'épée du *Cid; corrida de los toros;* cafés; virtuoses de table d'hôte.

Nous avons profité d'une journée moins brûlante pour visiter le *Pardo*, rendez-vous de chasse, à 8 kilomètres de Madrid, sur le Manzanarès. Son parc est immense; plusieurs des appartements royaux ont des plafonds peints à fresques par *Ribera* et *Galvez*; on y remarque de singuliers grands chandeliers en verre.

Le même soir, nous avons eu une belle *tertulia* chez Mme la Duchesse de R***, dame fort aimable; son accueil et celui de M. le Duc ont été des plus gracieux. L'assemblée, qui était nombreuse et brillante, a vivement applaudi *Zélia*, dans mes *Cavatines* et *Boleros* italiens.

La cuisine espagnole, dont j'ai eu l'occasion de médire plusieurs fois, est souvent bannie de beaucoup de maisons riches de Madrid; car nous avons fait un excellent dîner, presque français, chez le señor de V***. Comme noble rejeton d'une illustre famille, il nous a fait voir de précieux souvenirs : l'épée de bataille du *Cid*, le bâton de connétable de l'un de ses ancêtres et la riche armure que *Charles-Quint* lui a donnée.

Hier dimanche, mes goûts, qui commencent à devenir espagnols (à la cuisine près), m'ont conduit à la *corrida de los toros*, où la bonne et humaine Zélia n'a point voulu m'accompagner.

Aucune des 12,000 places n'était vacante, et le cirque, plus grand que celui de Cadix, était peuplé de toutes les classes de la société des deux sexes; 8 taureaux et 17 chevaux ont succombé à cette lutte piquante de frayeur et d'intérêt, fort bruyamment exprimés par cette très nombreuse assemblée. Chaque taureau tué avait, pour oraison funèbre, un morceau de musique par la *banda militare*. La résignation des *Picadores*, l'agilité et les tours d'adresse des *Chulos* et des *Banderillos*, leurs provocations hardies furent applaudies par un bruit d'enfer; mais ils sont impitoyablement sifflés, ainsi que les *Espadas* ou *Matadors*, s'ils manquent leur coup, ou s'ils semblent fuir le danger. Le taureau lui-même a sa large part des sifflets et des applaudissements. Les six premiers qui ont combattu ont encorné, comme à l'ordinaire, les malheureux chevaux des *Picadores* qui, renversés sous ceux-ci, devaient se trouver plus ou moins à leur aise. Le septième était un taureau *sauteur;* quatre fois il a franchi la *tabla* de l'enceinte du cirque en poursuivant des *Chulos* qui l'agaçaient avec leurs *capas* de soie de diverses couleurs. Le huitième taureau était un véritable poltron, aimant ses aises et regrettant son écurie. Il se contentait de fuir ses hardis et turbulents adversaires; aussi l'assemblée en masse s'est-elle écriée : *banderillas de fuego!* Alors, on lui a lancé successivement cinq ou six dards chargés de pétards, dont chacun faisait une bruyante explosion en feux de couleur qui brûlaient le pauvre animal, en le rendant furieux malgré lui!... Bientôt épuisé par ces affreux tourments, l'*Espada* lui a facilement donné la mort qui devenait un bienfait! Quelquefois, il se fait une variante à cette péripétie du drame, le public crie : *perros! perros!* Et une demi-douzaine de *boule-dogues* viennent s'élancer sur le taureau et le happent, sans désemparer, par les oreilles ou par la peau du cou!

En flânant dans les divers quartiers de Madrid, nous nous sommes reposés dans des places garnies de bancs, d'arbres et de fontaines qui, du matin au soir, sont assiégés par une foule de marchands d'*agua* si rare dans cette ville! Ce sont autant de promenades agréables pour les habitants du quartier, qui y amènent leurs enfants.

Les nombreux cafés sont très fréquentés; ils sont moins beaux qu'à Paris, mais il s'y vend d'excellentes boissons rafraîchissantes inconnues en France : ce sont la *bebida de Naranja helada* (boisson d'orange à la glace), celle de *almendra blanca* (amendes blanches), d'*orchata de chufas* (espèce d'orgeat à la neige) et la *cervezza con limon* (mélange de bière et de limon). Tout cela n'est point cher, car les glaces ne coûtent que 2 réaux (50 centimes).

Dans presque tous les cafés il y a un malheureux *Pianiste* ou *Guitarero* qui lutte de tapage avec les consommateurs. A propos de cela, j'ai été très affecté d'entendre à la table d'hôte de ma *fonda* deux excellents violonistes accompagnés par une harpe! Je puis affirmer que les très grandes difficultés qu'ils exécutent avec talent les rendraient dignes de donner concert à Paris! Ici, ils tendent une assiette pour récolter une trentaine de sous! A Paris, du moins, il y a une ressource très grande et immanquable pour les artistes malheureux..., celle de se jeter dans la Seine! A Madrid, il n'y a que le Manzanarès avec un filet d'eau, dans lequel on pourrait tout au plus se casser une jambe!...

LETTRE XXX.

Sierra de la Cabrera; Burgos; sa belle Cathèdrale; Christ miraculeux; *Cartuja de Miraflores*.

On parle beaucoup en France des *châteaux en Espagne*; mais la vérité, c'est qu'il n'en existe point! Soit que les seigneurs châtelains ne s'y trouvent point en sûreté contre les brigands, soit leur désir de se rapprocher des faveurs de la cour, la haute noblesse occupe longtemps les palais qu'elle possède dans la Capitale, et passe plusieurs mois de la belle saison dans les bains de mer ou dans les pays étrangers.

Ayant épuisé les plaisirs de toutes les curiosités de Madrid, où mes ouvrages qui s'y vendent beaucoup m'ont valu d'ailleurs la réception la plus honorable de tous les artistes distingués, *el amor de la patria* nous faisait désirer de revoir la France et d'y retourner, en visitant aussi quelques-uns des bains de mer favoris des familles espagnoles.

Pour examiner le pays en véritables touristes, nous prîmes deux places d'impériale sur une secouante diligence qui allait à *Burgos*.

Partis de Madrid à 6 heures du matin, j'ai salué avec regret ce vaste carré long, dit la *puerta del Sol*, si populeux et si turbulent ! Sortis par la porte de *Bilbao*, nous avons traversé la *Ronda*, boulevart extérieur, planté d'arbres, qui fait le tour de la ville. Un peu plus loin est le *Paseo-Nuevo*, nouvelle promenade du faubourg. Ensuite vient la *Sierra de la Cabrera* (montagne de la Chèvre). Ce nom en forme des armoiries parlantes; car il n'y a que des chèvres qui puissent gravir ces roches nues et escarpées ! La plus grande partie de cette route est aride et dénuée d'intérêt. Lorsqu'on approche des environs de *Burgos*, la contrée change d'aspect; les champs sont bien cultivés, et il y a de l'eau et de la verdure, choses dont beaucoup de parties de l'Espagne m'avaient presque déshabitué.

Près de plusieurs villages sans intérêt on traverse le *Douro* et l'*Èbre*, fleuves qui deviennent considérables en s'approchant de leur embouchure ; et bientôt on aperçoit les tours et clochers à jour de la capitale de la vieille Castille.

Ce dernier adjectif indique que *Burgos* doit avoir un vieil aspect ; en effet, l'entrée de ses antiques murailles conduit à des rues étroites, tortueuses et bordées d'assez vilaines habitations. La grande place est irrégulière et ses maisons rouges sont supportées par des piliers de granit gris, sous lesquels on aperçoit une population passablement déguenillée. Une statue de *Charles III* s'élève au milieu de cette place.

Ce qui dédommage de tout cela, c'est une abondance d'eaux à laquelle on n'est point accoutumé en Espagne. De tous côtés on aperçoit des fontaines ; et trois ponts sur les petites rivières l'*Arlanzon* et la *Vega* relient à la ville le faubourg de ce nom, qui contient une *alameda* et de jolis jardins. L'hôtel-de-ville, le beau palais de *Velasco*, l'arc de triomphe et la porte *Santa-Maria* méritent d'être visités.

On doit être las des descriptions de Cathédrales; cependant il faut convenir que, excepté Madrid qui n'en possède point, la plupart des villes d'Espagne peuvent en offrir de plus riches et de plus remarquablement belles que beaucoup de celles qu'on voit en France. La Cathédrale de Burgos y occupe l'un des premiers rangs.

Les beautés extérieures de cet édifice sont malheureusement masquées et obstruées par de vieilles habitations construites à l'entour. Son magnifique portail est seul un peu dégagé, étant précédé d'une petite place au milieu de laquelle se trouve une fontaine surmontée d'un Christ en marbre blanc.

Un escalier de 38 marches précède ce portail orné d'une riche collection de statues de Saints et de moines, et d'une superbe rosace en vitraux coloriés. Deux flèches aiguës tailladées en scie, sculptées comme de la dentelle, surmontent ce portail, qui est supérieur au nôtre de Reims par l'extrême délicatesse de son architecture gothique.

L'intérieur, qui est d'une immense étendue,

est déparé par la coutume espagnole de placer le chœur au milieu de l'édifice. Le grand orgue et son double escalier sont généralement admirés, ainsi que les nombreuses chapelles qui entourent la nef et qui sont décorées de bons tableaux des grands maîtres. Le dôme, élevé de près de 67 mètres, offre dans son intérieur une profusion de sculptures du travail le plus compliqué et le plus fini!

La sacristie est ornée de vieux miroirs de Venise et de portraits médiocres de tous les évêques de Burgos : ce qui intéresse peu les touristes français. Près de là, on montre un vieux coffre en fer, dit le *coffre du Cid*, sur lequel on débite une légende assez drôle.

Le couvent des Augustins renferme un crucifix miraculeux, de grandeur naturelle, qu'on ne montre que dans les grandes cérémonies, en tirant lentement l'un après l'autre les trois rideaux richement brodés en or, perles et pierres précieuses dont il est couvert. C'est avec un saint respect que je ne veux point contester ses nombreux miracles!

A 2 kilomètres de Burgos se trouve la célèbre chartreuse de *Miraflores*, où l'on voit la tombe du Cid, et celles de *Don Juan II* et de la reine *Isabelle*, au milieu des ruines actuelles de cet édifice si remarquable jadis, mais que la guerre a détruit !

LETTRE XXXI.

Santander; ses bains de mer; *Alamedas*; Institut Cantabrique; Bilbao; femmes portefaix; l'Arénal.

La route de Burgos à Santander est très montagneuse et n'offre rien d'intéressant dans les 120 kilomètres qu'elle parcourt. On y rencontre souvent de mauvaises *ventas*, des villages de 200 à 500 habitants, décorées quelquefois du nom de ville. Le seul résultat de deux journées de route, c'est beaucoup de fatigue et d'ennui ; aussi, du dernier point culminant on salue le majestueux Océan avec un grand plaisir!

Santander est l'une des villes les plus commerçantes de l'Espagne; elle est bâtie sur une éminence, et son excellent port, qui peut contenir beaucoup de navires même d'un fort tonnage, est défendu par deux châteaux-forts. Santander contient près de 18,000 habitants, dont le nombre est considérablement accru pendant la saison des bains de mer. Deux établissements de ce genre y offrent toutes les commodités et agréments possibles; aussi les riches familles de Madrid et autres villes des provinces voisines viennent-elles y passer plusieurs mois.

Sa situation est très pittoresque. Outre les deux *alamedas* de *Becedo* et de *los Barcos*, les promenades sur la colline sont variées et extrêmement agréables par la fraîcheur et la belle vue dont on y jouit.

Le grand quai est garni de beaux magasins où l'on trouve quantité d'articles français et anglais. Le *Casino* et le théâtre réunissent à bon compte un grand nombre d'abonnés. Il y a aussi un *liceo* et un *Institut Cantabrique*, où toutes les parties d'une bonne éducation sont assez bien enseignées pour y attirer un grand nombre d'élèves qui y viennent de diverses provinces du Royaume.

Santander est l'une des villes d'Espagne où l'on vit à meilleur marché; les gourmands y trouvent en abondance tout ce qui peut flatter leurs goûts, excepté, toutefois, que l'eau n'y étant point bonne, on y est souvent forcé de boire du vin pur *de Peralta*, qui est plus que liquoreux. Comme le temps était fort beau, dans un petit nombre d'heures un bateau à vapeur nous a transportés à *Bilbao*, ayant voulu éviter la route de terre, qui est montueuse et peu agréable.

C'est un port de mer, *moins la mer;* car on quitte l'Océan à *Portugalette*, où se trouve l'embouchure de la *Nervion* qu'on remonte pendant 8 kilomètres. Là, le débarquement s'opère d'une manière assez originale : de jolies filles, dont les jupons sont retroussés passablement haut, entrent dans le fleuve, et, comme elles sont les portefaix du pays, elles transportent les marchandises et les effets des voyageurs. Deux beaux ponts sont jetés sur la *Nervion*, l'un en pierre et l'autre suspendu, en fil de fer.

Bilbao est la capitale de la Biscaye, ce qui y fixe le séjour de plusieurs autorités civiles et militaires. Ses 15,000 habitants demeurent dans des maisons de quatre à cinq étages, dont l'apparence offre la singularité de leurs toits qui s'avancent sur la rue pour abriter du soleil et de la pluie; ces rues sont d'une grande propreté, grâce aux nombreux petits canaux qui y portent l'eau du fleuve et à la prohibition absolue de toute espèce de voitures.

Les habitants sont doux et hospitaliers, mais très superstitieux sur les pratiques de la religion. Outre leurs nombreuses processions d'une singularité ridicule par les géants mannequins qu'on y promène, les habitants de Bilbao se regardent comme les purs descendants des Cantabres, sans aucun mélange de sang Maure ou Juif, et l'intérieur de leurs maisons offre une profusion d'images et statuettes de Saints dont le martyrologe oublie souvent de faire mention. Comme les Biscayens en général, ils se croient aussi nobles que le Roi... et même plus!

Leurs principaux amusements sont de fréquenter le beau café *Luizo*, la jolie promenade nommée l'*Arenál*, formée par quatre belles allées d'ormes et de tilleuls, le long de la *Nervion*, et la *Punta de Banderas*, ornée de jardins, d'où l'on signale les vaisseaux qui s'approchent de *Portugaletta*.

Le théâtre, les manufactures de cristaux et de faïence, les tanneries, qui étaient autrefois l'objet d'un grand commerce, méritent d'être visités.

Les environs de Bilbao réunissent des montagnes imposantes et une délicieuse vallée très fertile. C'est une espèce de *Suisse Espagnole* où l'on jouit, en plus, de l'aspect de l'immense Océan!

LETTRE XXXII.

La Biscaye; les Provinces Basques; Vittoria; antiques solennités morales; Saragosse; Salinas; Saint-Sébastien; Irun; Béhobie; réflexions sur un voyage en Espagne.

Lorsqu'on a voyagé quelque temps à travers les provinces arides et désertes de l'Espagne, la Biscaye semble être un délicieux pays! On ressent un tel besoin de verdure, d'eau et de paysages variés, qu'on est porté à admirer davantage tout ce qu'on y voit d'agréable en ce genre!

Les 12 kilomètres de Bilbao à Vittoria offrent à l'œil du voyageur de jolis villages et deux petites villes : *Durango* et *Ochandiano.*

Vittoria, divisée en ville vieille et en ville neuve, a 13,000 habitants; c'est l'une des plus jolies de l'Espagne. Ses rues alignées sont ornées de maisons régulières; sa *Plaza-Nueva*, qui ressemble un peu à celle de Salamanque, est un carré long de 73 mètres, avec un portique de 26 arcades et une belle fontaine. La tour du beffroi de *Santa-Maria* a aussi un portique remarquable, orné de statues ; si l'on a la résignation d'en faire l'ascension, on y jouit de la vue de la vaste plaine de Vittoria, peuplée de 168 villages.

La *Florida* et *el Prado* sont de charmantes *alamedas* plantées de peupliers, où des jeux et des danses reposent la classe industrieuse de leurs travaux journaliers. On trouve dans cette ville un touchant et simple souvenir des mœurs antiques, dans trois solennités qui se célèbrent annuellement ; ce sont : la *fête des garçons*, la *fête des jeunes filles* et la *fête des époux.*

J'avais beaucoup d'envie de pousser une pointe jusque Saragosse ; mais des lettres pressantes de Paris y réclamaient mon retour. Cependant, pour compléter mon *voyage en Espagne*, j'ai profité avec plaisir des renseignements qu'un touriste de ma connaissance m'a donnés sur cette ville, et j'en ai rédigé un abrégé que je place ici.

Saragosse a été une ville Romaine que les Maures et les Espagnols ont dépouillée de ses antiques monuments. Quoique environnée d'une plaine fertile, ses ruelles tortueuses sont fort tristes, excepté *el Corso*, rue très animée. Ses 63,000 habitants y jouissent d'un théâtre, d'un Musée et d'une Université; mais ils peuvent se dédommager amplement en sortant des murailles baignées par le beau fleuve de l'*Èbre*. On y remarque un grand nombre de promenades, dont les plus jolies sont *Santa-Engracia*, le *Torero* et la *Casa Blanca*. Saragosse possède deux Cathédrales : *la Seu* et *el Pilar*, consacrées à la Vierge. Cette dernière est aussi un lieu de pèlerinage célèbre où l'on vient accomplir des vœux.

A 16 kilomètres de Vittoria, nous avons fait une espèce de descente aux enfers à *Salinas*. Nous l'avons effectuée heureusement en enrayant trois roues de la diligence et en tournoyant des pentes très rapides, bordées de précipices effrayants ! Enfin nous sommes entrés dans les provinces Basques, qui sont le paradis de l'Espagne par leurs vues si pittoresques sur la mer, les montagnes, les champs bien cultivés et les villages où règne une grande propreté.

Nous nous sommes reposés à *Saint-Sébastien*,

joli port de mer qui, ainsi que *San-Lucar*, *Santander* et *Bilbao*, sont le *Boulogne*, le *Dieppe*, le *Hâvre* et le *Trouville* des riches Espagnols.

Saint-Sébastien, ville de 10,000 habitants, est un séjour charmant, qui réunit tout ce qu'on peut désirer d'agréments, comme bains de mer ; la rivière *Urumea* qui abonde en saumons ; bois, jardins, prairies et société variée d'Espagnols et d'étrangers. Elle est bâtie sur un isthme au pied de la montagne conique d'*Orgullo*. Brûlée et saccagée par les Anglais en 1813, comme cela se fait toujours en pareil cas, elle a été rebâtie d'une manière plus moderne et plus agréable. La *plaza*, garnie d'arcades, a de beaux magasins de marchandises françaises et anglaises ; le théâtre, la douane, le *Casino* méritent d'être vus. Un bateau à vapeur y fait un voyage régulier jusqu'à *la Teste*, où se prend le chemin de fer de Bordeaux.

De Saint-Sébastien à Bayonne, il y a 32 kilomètres d'une route agréable, dans une vallée arrosée par la *Bidassoa*, et d'où l'on aperçoit souvent la mer. La dernière ville espagnole, d'un aspect assez pauvre, est *Irun*.

J'ai fait de fréquents et longs voyages dans les pays étrangers ; mais, malgré le plaisir que j'éprouvais à en avoir observé les monuments, les sites, les mœurs et coutumes, c'était toujours avec bonheur que je rentrais en France, charmé de revoir ma belle patrie ! Il en a été de même en traversant le pont de la Bidassoa à *Béhobie;* j'ai aperçu avec joie à l'autre bout l'uniforme de nos braves Gendarmes, le pantalon garance de nos *piou-piou* et l'habit vert de nos Douaniers, lesquels ont visité nos bagages avec une urbanité toute contraire à celle des irascibles Douaniers de la *Junquiera.*

De notre grand voyage en Espagne, il ne reste donc plus que des souvenirs !... On est affligé de voir ce beau pays arriéré de deux siècles dans cette marche croissante de *progrès d'amélioration* dont la France et l'Angleterre ont eu la gloire d'ouvrir la route aux autres nations européennes !

Certes, les avantages naturels que possède l'Espagne, dont la marine a été jadis la plus nombreuse de l'Europe, qui a joui des découvertes de l'Amérique et des principales îles de l'Asie, dont le climat des provinces méridionales peut produire toute espèce de denrées coloniales; ces nombreux et rares avantages, dis-je, auraient dû produire, pour ce Royaume, le résultat de tenir l'un des premiers rangs en Europe ! On dit, hélas ! beaucoup de mal de son administration. Dans ce qui est *revenu public* et impôts (qui sont exhorbitants), il y a un désordre et un pillage général qui interdit les grandes dépenses d'améliorations, et les guerres civiles et étrangères ont ruiné pour longtemps les provinces espagnoles, seul reste de l'empire immense de *Charles-Quint !*

De bonnes routes multipliées ou des chemins de fer, des hôtelleries plus confortables, des diligences plus commodes et moins chères y attireraient annuellement ces milliers de touristes qui vont semer leur or en Italie, en Suisse, sur le Rhin, etc.; car il y a en Espagne une foule de choses *extrêmement curieuses à admirer*, et on y voit une quantité de villes dont le séjour serait très agréable! Cependant, tous les genres d'incommodités vexantes semblent s'y être donné rendez-vous pour en éloigner les voyageurs riches qui aiment un peu leurs aises !... Les Espagnols se soucient peu d'améliorer ce qui tient à l'agréable aisance de la vie, disant : « Nos ancêtres ont bien vécu comme cela, pourquoi n'en ferions-nous pas autant ? » Vainement le midi, le nord et les côtes orientales de l'Espagne sont très fertiles ; dans l'Andalousie surtout, le peuple est paresseux et insouciant, et il porte à l'excès le *dolce far niente* des Italiens. Jouissant de toutes les productions des climats les plus favorisés, ils pourraient arriver à une grande aisance commerciale; mais ils préfèrent embrasser la profession de muletiers, contrebandiers, torréadors ou voleurs !.....

Il est entendu, cependant, que parmi les Espagnols qui occupent un rang distingué par leur rang et leur fortune, il s'en trouve beaucoup d'un mérite supérieur. Un grand nombre se montrent très aimables et remplis de prévenances et de soins attentifs envers les étrangers qui leur sont recommandés. Toutefois, beaucoup de choses se réunissent pour faire croire qu'une bonne partie des demoiselles Espagnoles qui n'ont point voyagé à l'étranger ont peu d'instruction, et que dans les Beaux-Arts elles n'ont guère fait qu'ébaucher les études qu'elles cultivent d'ailleurs avec des professeurs médiocres et extrêmement peu rétribués ! L'art de l'*Abanico* et le jeu expressif de leurs grands yeux noirs qui savent dire tant de choses, quelque conversation plus ou moins triviale sur les théâtres, les bals et les modes : tel est souvent le principal résultat de l'éducation qu'elles ont reçue !

On trouvera peut-être étonnant qu'étant Compositeur de musique, j'aie si peu parlé de l'état de cet art en Espagne? Ma réponse sera : 1° que pendant les cinq ou six mois que j'y ai passés, les théâtres lyriques y étaient presque tous fermés; 2° que la plupart de leurs Compositeurs et chanteurs ne sont point Espagnols; 3° que, parmi les Professeurs solistes et Chanteurs de salon, il y en a de très remarquables, surtout à Madrid, où MM. *Valdemosa*, maître de chant de S. M., *Guelbenzu*, *Eslava*, *Puig* (premier ténor à notre théâtre Italien, et qui autrefois a été mon élève au Conservatoire pendant plusieurs années), etc., occupent un rang très distingué et mérité par leur grand talent.

Dans tout autre pays que l'Espagne, notre voyage aurait coûté un tiers de moins; mais ici, c'est une *chasse à la bourse,* organisée par tous les gens auxquels on est obligé d'avoir à faire, et c'est à qui en tirera plume ou aile. Mon passeport seul coûte plus de 100 fr. de visas !

Les pauvres sont une plaie hideuse qui vous poursuit dans les rues, dans les églises, dans les cafés et jusque dans les *fondas.* Un grand nombre pourraient travailler ; mais ils s'en gardent bien, et il est bien plus commode de mendier, en invoquant *la Santissima Vergin !....*

Les prêtres sont gros et gras ; leurs offices sont longs et fréquents, surtout l'article *Litanies,* auxquelles la multitude répond par un bourdonnement funeste pour des oreilles françaises !

Du reste, ces prêtres, dont le ministère Catholique est aujourd'hui le seul dispensateur de tout ce qui concerne la religion, retirent une infinité d'avantages de la suppression générale de tous les couvents d'hommes et de femmes, desquels, *malgré la République*, la France regorge de toutes parts, au moyen des riches donations dont on a spolié les familles, au détriment des héritiers naturels !.....

Il y aurait certainement un gros livre à écrire sur les idées rétrospectives qu'on remarque de tout côté dans cette Espagne, que je suis cependant très content d'avoir vue et examinée en détail, pendant cinq à six mois ; mais, en résumé, je ne puis guère m'empêcher de lui appliquer ce vieux proverbe sur la guerre : « C'est une bien belle chose..... quand on en est revenu ! »

LETTRE XXXIII.

Bayonne; allées marines; amusements; Biaritz, ses bains de mer; Cambo.

Nous voilà enfin installés dans une jolie ville française ! *Bayonne*, située à l'embouchure de deux rivières, l'*Adour* et la *Nive*, à 8 kilomètres de l'Océan et environnée de campagnes charmantes, partage, avec *Pau* et *Toulouse*, l'avantage de devenir un séjour de retraite fort agréable et économique pour des artistes désabusés de la gloire éphémère qui s'attache momentanément à leurs succès !

Les *allées marines* sont une longue et riante promenade sur la rive gauche de l'Adour. Du coté opposé, près des remparts, se trouve l'hôpital militaire qui est un beau monument.

Bayonne a 16,000 habitants et elle est presque divisée en trois villes : le grand, le petit Bayonne et le grand faubourg Saint-Esprit, où se tient le grand marché, et où les négociants ont de jolies maisons.

On remarque encore dans cette ville quelques habitudes espagnoles ; beaucoup d'enseignes sont écrites en cette langue, et les échanges de commerce entre les deux nations y sont fréquents. Le théâtre, le *Casino* et les parties de campagne occupent agréablement les loisirs des étrangers, sans oublier que ce pays fournit tous les moyens d'y faire une chère excellente et à un prix très modéré.

Un *omnibus* conduit dans une demi-heure à *Biaritz*, qui n'était qu'un petit hameau il y a quinze ans, et qui est devenu une ville, dont la rue principale, bâtie avec élégance et propreté, a près de 4 kilomètres de long.

De tous les bains de mer, depuis Cadix jusqu'au Danemarck, c'est sans doute le plus agréable ; aussi avons-nous voulu nous y reposer de nos fatigues espagnoles.

On prend ces bains *à la côte*, où les brisants exercent l'adresse des nageurs ou nageuses, car beaucoup de dames y font des tours de force aussi amusants que périlleux. Les baigneurs peureux vont au *vieux port*, où les vagues sont plus tranquilles.

L'espèce de vaste croissant que forme cette côte autour de la mer, offre une infinité de points de vue différents, selon l'aspect et la disposition des divers petits promontoires ou des grandes masses de rochers dispersés à peu de distance de la plage. Des bancs sont disposés de tous côtés pour recevoir les promeneurs piétons, et des routes diverses conduisent, à travers les champs, les cavalcades et les calèches. Hier, nous sommes venus jouir du beau spectacle de l'Océan dans deux sites pittoresques, voisins l'un de l'autre.

L'un est la *Roche percée*, espèce de cadre de 7 mètres, formé par une roche dentelée qui surplombe la mer; nous nous y sommes assis pour admirer ce vaste horizon maritime, depuis le phare jusqu'aux côtes d'Espagne. L'autre se nomme le *Chaos;* ce sont de gros rochers d'une structure singulière qui, barrant le chemin aux vagues, les changent en montagnes de lait, avec un fracas épouvantable ! Le choc est si violent que ces énormes vagues font le tour de l'un de ces rochers.

Une autre promenade agréable , c'est celle de la plage de la côte, où, à marée basse, on peut faire une demi-lieue sur le sable, le long des rochers jusqu'au phare. Dans cette longue muraille de rocs escarpés se trouve la *grotte des deux amants*. On raconte qu'un jeune couple se promenait un soir au bout de cette plage, et que, fatigués sans doute, ils entrèrent dans cette grotte, probablement pour s'y reposer. Quoique l'histoire se taise sur l'objet de leur conversation, il paraît qu'elle fût assez longue pour leur faire oublier la marée montante, qui bientôt envahit cette grotte !.... Le lendemain, on les retrouva noyés, mais ayant leurs bras enlacés: ce qui est une consolation !

Depuis ce temps, cette grotte maritime est devenue un lieu de pèlerinage pour les touristes; et, hier, un jeune Allemand me disait : *Mousiou, boufez fou m'intiguer la crotte tes teux cheunes amants?*

Notre excellente table d'hôte de l'hôtel *Monhaut* est tout-à-fait cosmopolite ; des dîneurs

Américains, Russes, Anglais, etc., la fréquentent; et cela devient un agréable *memento* pour moi, qui désire connaître tous les pays où je ne puis aller.

Nous nous sommes réunis pour faire une excursion à *Cambo*, joli village à 32 kilomètres de Biaritz, où il y a dans les montagnes un de ces établissements de bains minéraux dont les Pyrénées abondent, et qui guérissent..... *de tous les maux qu'on n'a pas*, à l'aide de bals, concerts et promenades. La route et les sites en sont délicieux, la campagne fertile et superbe. L'œil se promène agréablement dans le fond de la vallée où serpente la *Dyne*, qui se jette dans l'*Adour* à Bayonne.

Il y a à Biaritz un *Casino* où se trouvent tous les journaux, et où l'on se réunit le soir pour danser ou faire de la musique. Pendant la belle saison, la population de Biaritz s'augmente de 4 à 5,000 baigneurs, et l'on éprouve beaucoup de difficultés à s'y loger convenablement.

LETTRE XXXIV.

Dax ; Mont-de-Marsan ; Bordeaux ; théâtre, promenades, cimetière ; palais Galien ; La Teste ; Royan.

Quoique les villes que nous traverserons pour retourner à Paris soient généralement connues, cependant, à peu près chaque dix ans, leur aspect change sous divers rapports ; et peut-être sera-t-il intéressant de relater brièvement ce que j'ai pu y observer.

A 30 kilomètres de Bayonne se trouve *Dax*, petite ville, flanquée de vieux murs et de tours, renommée dans l'art médical par ses bains de boue qui, dit-on, guérissent les rhumatismes et la paralysie. Ils doivent aussi guérir la gaîté, car c'est un séjour fort triste !

Mont-de-Marsan, qui a seulement 4,100 habitants, chef-lieu du département, est aussi une espèce d'exil pour son Préfet et ses autorités constituées. De grands amusements leur étaient cependant promis pour le lendemain de notre passage, à en juger par les préparatifs faits pour la fête du Saint, patron de la ville. Une arène était préparée pour une espèce de *corrida.... de vaches* aussi innocentes que les taureaux d'Espagne sont fougueux. Des courses de paysans Landais montés sur des échasses, des sauteurs de corde, le bal obligé en plein air avec quelques lanternes, etc.; tous ces plaisirs ne nous ont point tentés, et nous avons continué notre voyage à travers les grandes Landes, espèce de Sibérie française, pays sablonneux, boisé en pins, d'où l'on extrait la résine par de larges incisions d'un effet singulier.

Le lendemain matin, nous sommes entrés à *Bordeaux*, première ville de France, après Paris, pour la beauté de ses monuments, ses belles rues, beaucoup plus larges que celles de notre Capitale, et sa position sur la Garonne, qu'on passe sur un pont magnifique; bien que ses eaux soient un peu jaunâtres, ce fleuve offre un tout autre aspect que notre Seine. Il est chargé de grands navires de toutes les nations, qui y répandent une vitalité commerciale. Malheureusement, Marseille (depuis vingt ans que notre Algérie l'a enrichie et qu'elle est aussi le point central des relations avec l'Égypte, la Turquie et les Indes-Orientales), cherche à lui enlever cette prospérité de commerce, qui avait une grande influence sur la fortune des négociants Bordelais!

Jadis, les riches Intendants de province étaient bons à quelque chose; M. de *Tourny* l'a prouvé en embellissant Bordeaux de ses charmants *cours*, *allées*, qui portent son nom, et de beaucoup d'édifices beaux et utiles.

Son principal théâtre est l'un des plus beaux de l'Europe, et ses 100,000 habitants tiendraient dans la grande promenade des *Quinconces*, qui donne sur le port. Près de là se trouvent ces opulents *Chartrons*, où résident les banquiers et la haute classe des négociants qui expédient, dans toutes les parties du monde, ces excellents vins qui font la gloire et la fortune du pays.

Les pauvres Chartreux étaient devenus très riches, à Bordeaux, au moyen des donations successives qui leur avaient été faites. Le grand vignoble ou maison de campagne qu'ils y possédaient est devenu un second *Père-Lachaise* par le luxe funèbre qui y règne. Toutes les tombes sont ornées de sculptures et d'inscriptions qui attestent les larmes des survivants et les rares vertus du défunt. Cependant, je crois que si ce dernier pouvait rentrer dans son ménage, quelques années après, il y trouverait du changement, et qu'il y serait fort mal reçu !...

Les révolutionnaires, qui ont fait un inutile *champ de Mars* d'un très beau *jardin Royal*, planté par M. de Tourny, ont aussi détruit en partie une superbe ruine Romaine, dite le *palais Galien*. Il ne reste plus qu'une douzaine d'arcades du vaste amphithéâtre, et une grande porte d'entrée surmontée de quelques débris d'architecture.

En arrivant à Bordeaux, la vue est d'abord frappée des deux flèches légères et dentelées de la Cathédrale et de la haute tour de Saint-Michel, qui sert de télégraphe. Les caveaux de celle-ci ont la propriété de conserver les cadavres. On y voit une cinquantaine de personnages, debout contre les murailles, en diverses attitudes, et conservant encore sur leur noir visage les traits de leur physionomie.

Nous nous sommes joints à quelques Bordelais de nos amis pour faire deux excursions de plaisir : l'une, par chemin de fer, à *La Teste*, près du bassin d'Arcachon, où l'on a construit un bel établissement de bains de mer très fréquenté; l'autre, par bateau à vapeur, à *Royan*, beau village à l'embouchure de la Gironde, où les habitants de cinq ou six Départements voisins viennent faire leur villégiature, prendre des bains de mer et faire des promenades nautiques à la *tour de Cordouan*, superbe phare situé sur un rocher, à 5 kilomètres en mer.

LETTRE XXXV.

Traversée de Bordeaux à Nantes; tempête; Paimbœuf; bains de mer à Pornic.

Étant allés assez souvent à *Angoulême*, *Rochefort* et *La Rochelle*, que traverse la route de Bordeaux à Nantes, j'ai eu la malheureuse idée d'abréger le chemin en nous confiant de nouveau à *Neptune*, qui nous avait à peu près épargnés pendant 800 kilomètres de navigation autour de l'Espagne.

Nous nous sommes donc embarqués à six heures du matin sur le *Honfleur*, bateau à vapeur qui devait faire, en vingt-deux heures, les 92 kilomètres de Garonne et Gironde, les 156 kilomètres de pleine mer et les 64 kilomètres de Loire. Le programme était assez engageant, mais l'ensemble de la pièce ne nous a pas procuré autant de plaisirs! Nous avons d'abord vogué tranquillement et agréablement, en saluant avec respect les excellents vignobles situés sur les rives du fleuve. Parvenus au *Bec-d'Ambez*, réunion de la Dordogne et de la Garonne, nous avions déjà fait un excellent et copieux déjeûner ; mais, hélas! ce commencement de la mer était devenu très houleux, et le vent, qui, sans doute, n'était point content de nous, sifflait avec la furie d'un parterre de très mauvaise humeur! Au-delà de la tour de Cordouan, notre navire était en plein bal, et la danse, qui ne ressemblait ni à la *polka*, ni à la *cracovienne*, ne fit que redoubler d'ardeur en pleine mer! Un superbe chien de Terre-Neuve donna, le premier, le signal du mal de mer, et notre excellent déjeuner est allé nourrir les poissons en une quantité de services différents, sans qu'ils aient eu la délicate probité de nous indemniser de l'argent qu'il nous avait coûté! Ma pauvre *Zélia* a été infiniment plus malade que moi, et elle a eu la gloire d'être *prima-donna assoluta* dans le grand concert général que les passagers ont donné toute la nuit!...

Vers deux heures du matin, j'étais un peu assoupi dans ma boîte à lit, placée à l'entour du salon, lorsque j'ai été réveillé par un conseil de marine, tenu par le capitaine, son second et le pilote. Ils étaient penchés sur des cartes où sont signalés tous les bancs de sable, écueils et rochers, et ils ne savaient où ils étaient : la brume épaisse les empêchant d'apercevoir le feu des divers phares qui sont épars sur la côte !.... Ils avaient le choix d'échouer sur un banc de sable ou d'aller se briser sur les rochers; ils préférèrent heureusement rebrousser chemin et chercher une autre direction plus au large : ce qui nous sauva du danger, sans nous préserver du roulis et du tangage. Après le départ de nos aliments, notre bile amère avait suivi le même chemin, sans regrets de ma part, car on assure que la bile est un *germe de mauvaise humeur*. Cependant, les efforts sans résultats n'en étaient que plus pénibles, lorsque, le lendemain, la vue de *Saint-Nazaire*, perché à l'embouchure de la Loire, a fait diminuer notre longue jouissance du plaisir de l'escarpolette marine que nous subissions depuis si longtemps! Nous étions heureusement *en rivière*, et on nous a débarqués sains et saufs à *Paimbœuf*, port de la Loire très commerçant, où un second déjeuner, que nous avons conservé soigneusement, nous a rendu les forces que la tempête avait annihilées.

Il n'y a guère de famille française un peu aisée qui n'aille passer un mois ou deux dans quelque ville de bains de mer; *Pornic* joint, à divers agréments de promenade et de société principalement Bretonne, l'avantage d'être un séjour fort tranquille. La politique y dort dans un lourd sommeil, et ce n'est que quelque temps après qu'on y apprendrait qu'il y a quelque nouvelle révolution à Paris, ou que les Russes sont rentrés en France. Les tours et les vieilles murailles de son château-fort dominent la mer et offrent un coupd'œil romantique. C'est une petite ville assez propre qui tend à s'accroître comme tant d'autres; on y construit un beau quai le long du port, qui contient beaucoup de bateaux destinés au cabotage et à la pêche de la morue. L'hôtel de France réunit les avantages d'une excellente cuisine et d'un grand salon où les nombreux baigneurs jouissent d'amusantes soirées de musique et de danse; le propriétaire, M. *Bonjour*, apporte tous ses soins à y réunir tout le confortable qu'on peut désirer.

LETTRE XXXVI.

Nantes; bateaux sur la Loire; Angers; Saumur; École de Cavalerie; Tours; château de Plessis-les-Tours; Amboise, *Abd-el-Kader.*

Nantes est le *Liverpool* de la France. Cette ville, qui a près de 100,000 habitants, occupe une place distinguée parmi les huit principales Cités françaises renommées par leur grandeur, leur industrie commerciale et leurs monuments. Située sur la rive droite de la *Loire*, qui s'y divise en plusieurs bras, et au confluent de l'*Erdre* et de la *Sèvre*; toutes ces eaux et leurs ponts nombreux donnent à Nantes un aspect d'autant plus pittoresque, que les campagnes qui l'environnent offrent une perspective charmante et variée. Les touristes feront de charmantes excursions en visitant les beaux et antiques châteaux de *Clisson*, *La Dénerie*, *L'Héraudière*, *Goulaine* et *La Gâcherie*.

Le vieux et le nouveau Nantes semblent être distants de plusieurs siècles. Dans le premier, on rencontre encore de vieux édifices qui remontent à la seconde race de nos Rois ou à l'époque, malheureusement célèbre, de la révocation de l'édit de Nantes. Dans la nouvelle ville, de belles rues et places, où sont bâtis de magnifiques hôtels, attestent le progrès confortable de la civilisation, de l'aisance et de l'industrie. Le quartier Graslin et la plupart de ses beaux édifices doivent leur origine à M. de *Graslin*, Receveur général en 1778. Le beau cours Saint-Pierre (*Alameda Bretonne*), le nouveau palais de Justice, le théâtre de la place Graslin, dont les belles rues adjacentes portent toutes le nom de Littérateurs célèbres (et qui donne sur une charmante promenade environnée de maisons régulières), la Bourse, qui est aussi attenante à une promenade au bord de la Loire, le grand et beau quai de la Fosse, où l'on jouit de la vue d'une forêt de navires qui ont parcouru toutes les mers du globe, contribuent à faire de Nantes une ville extrêmement remarquable !

En ce moment, la population et ses autorités constituées sont dans un *tohu-bohu* extraordinaire pour les grandes fêtes qui se préparent à l'occasion de l'inauguration du chemin de fer d'Angers à Nantes. On ne rêve que cortéges, bals, illuminations, feu d'artifice; et les Nantais semblent s'écrier, à l'instar du peuple Romain : « *Panem et circenses!* (du pain et des spectacles!) » La menace de voir les salles à manger d'hôtels changées en dortoirs, et de payer tout à un prix exorbitant pour être fort mal, nous a fait quitter Nantes la veille de la brillante cérémonie.

C'est donc avec plaisir que, sur le tranquille bateau à vapeur de la Loire, nous avons retrouvé cette douce manière de voyager sur les fleuves, où l'œil se repaît de vues agréables et variées, et où l'on peut, du moins, s'asseoir à son aise, se promener sur le pont, et n'être point cahoté comme dans une incommode diligence!

Les rives de cette belle Loire abondent en campagnes riantes et fertiles; malheureusement plusieurs sites comme *Saint-Florent*, *La Meilleraie*, etc., qu'on aperçoit successivement, attristent la pensée par le souvenir des sanglants exploits des Vendéens et des Républicains. C'étaient cependant des Français qui s'égorgeaient entre eux!....... Pourquoi?....... Leurs motifs étaient, en général, de fanatiques erreurs, que le temps et les circonstances ont heureusement détruites.

Il y a trente ans, *Angers* était, comme tant d'autres, une vieille Cité aux rues tortueuses, aux maisons gothiques, et qui n'était remarquable que par son immense château-fort, flanqué de onze grosses tours bâties sur le roc; aujourd'hui, on y a ajouté ou reconstruit une belle ville toute neuve, dont les rues, tirées au cordeau, contiennent des maisons d'une structure élégante avec de jolis jardins. Ses larges boulevarts garnis de grands arbres, le champ de Mars, le Mail, sont autant de charmantes promenades qu'envierait plus d'une Capitale! L'hôtel et les jardins de la Préfecture pourraient servir de résidence à quelque Prince souverain.

Nous sommes logés vis-à-vis le désastreux pont de fer qui s'est écroulé, l'année dernière, sous un bataillon d'infanterie qui le traversait!... L'économie qu'on apporte souvent à ces frêles constructions doit faire craindre que de semblables malheurs ne se renouvellent encore dans divers pays !...

Saumur s'est aussi embelli et agrandi. C'est dans son antique château, bâti sur une éminence, que se trouve cette brillante École de Cavalerie, dont les agiles élèves, avant de devenir des officiers distingués, rivalisent avec les écuyers de *Franconi* pour toute espèce d'exercices de voltige et d'équitation.

La rapidité du chemin de fer jusqu'à Tours fait regretter la marche bourgeoisement paternelle des bateaux à vapeur qu'il a tués!... Du moins, ces derniers permettaient d'admirer à loisir cette belle partie de la Touraine qu'on appelle *jardin de la France.*

Tours est devenu une espèce de faubourg de Paris, depuis qu'on peut en faire le voyage en six heures. Sa belle position sur la Loire, qu'on passe sur un pont magnifique, sa superbe rue Royale garnie de riches magasins, ses boulevarts qui forment une jolie promenade, sa Cathédrale surmontée de deux belles tours, les campagnes délicieuses qui environnent la cité sont assez connues pour en rendre la description à peu près inutile. Cependant, nous avons profité d'une belle matinée pour aller, à 4 kilomètres de distance, visiter ce qui reste du château de *Plessis-les-Tours,* habité par *Louis XI*, le *Tibère* de France, et dont le QUENTIN DURWARD de *Walter Scott* nous a laissé de terrifiants souvenirs!.....

De l'ancienne habitation Royale il ne reste guère de bien conservé que l'escalier, où l'on ne rencontre plus le barbier *Olivier Le Dain* ni le prévost *Tristan*, compère de S. M., de sanglantes mémoires! Dans les jardins, on montre la place où le cardinal de *La Balue*, ministre infidèle, expia, pendant onze ans, dans une cage de fer, sa trahison d'avoir livré les secrets de l'État aux ducs de Bourgogne et de Berri.

En quittant Tours, notre impatience de regagner notre domicile, abandonné depuis si longtemps, nous a laissé à peine le loisir d'adresser un salut mélancolique à *Abd-el-Kader*, en passant devant le château d'*Amboise*, prison qui doit lui sembler bien étroite, lorsque sa pensée lui retrace le souvenir des belles parties de quelques provinces de l'Algérie et des immenses déserts de l'Afrique!

CATALOGUE ANALYTIQUE (1852).

EXAMENS ET ADOPTIONS

DES OUVRAGES CLASSIQUES

(SOLFÈGES, MÉTHODES DE CHANT, etc.),

D'ALEXIS DE GARAUDÉ,

Adoptés par l'INSTITUT, LE MINISTRE DE L'INSTRUCTION PUBLIQUE, L'UNIVERSITÉ, et les CONSERVATOIRES de France, d'Italie, de Belgique, d'Allemagne, etc.

(A PARIS, chez l'Auteur, 43, rue Sainte-Anne, et chez les Marchands de Musique de France et des pays étrangers.)

ÉDUCATION MUSICALE.

A diverses époques, la longue expérience pratique acquise par l'auteur dans beaucoup d'années de Professorat (dont 23 ans comme *Professeur de chant au Conservatoire*), ses constants efforts pour rendre cet enseignement *plus facile, plus prompt et moins aride*, l'ont engagé à composer divers œuvres de SOLFÈGES, MÉTHODES DE CHANT, d'HARMONIE, de PIANO, etc., dont les *adoptions générales* et les *nombreuses contrefaçons* à l'étranger attestent le succès.

Le commencement de toute étude de ce genre est *la lecture musicale*, ou SOLFÈGES destinés à l'appréciation des *valeurs de notes et de leurs intervalles*, initiant peu à peu les élèves aux diverses difficultés de l'ART MUSICAL. Cette première étude leur fait souvent courir de grands dangers pour leur poitrine, si elle était faite avec des SOLFÈGES dont les intonations hautes rappellent ceux de *Rodolphe*, de gothique mémoire, qui a détruit un si grand nombre de voix !

La *huitième* édition (avec basse chiffrée) des SOLFÈGES, op. 27, d'*Alexis* de GARAUDÉ, ou la *neuvième* édition (avec accomp. de *piano*) du même ouvrage, dont les leçons ne montent qu'au *fa* et au *sol;* ou bien les SOLFÈGES DES ENFANTS, avec accomp. de *piano* (écrits dans l'intervalle de 9me, du *do* au *ré*) offrent un précieux avantage pour ménager les voix des jeunes élèves, en les rendant *très bons lecteurs* dans le moins de temps possible.

Après les premières études de *lecture musicale*, les élèves dont la voix est formée doivent commencer celles relatives à l'ART DU CHANT. C'est alors que les dangers signalés ci-dessus doivent être encore évités avec plus de soins. Le zèle et le bon goût d'un professeur ne peuvent suppléer au grave inconvénient d'employer des MÉTHODES destinées aux *premières Cantatrices de Théâtre*. Il est affligeant de penser que beaucoup de jeunes voix, qui eussent été belles si elles avaient été bien dirigées, sont devenues *nulles* ou *d'un très mauvais timbre*, parce qu'elles ont été gravement altérées par des Solfèges ainsi que par des Exercices ou des Vocalises fatigantes par leur *tessitures* et leurs *intonations trop hautes*, dès leurs premières études vocales! On doit s'estimer heureux si ces jeunes poitrines n'en ont point souffert de mortelles atteintes!

C'est principalement pour remédier à de si graves inconvénients, et pour faire suite à la spécialité utile des Solfèges ci-dessus, que M. A. de Garaudé a composé sa nouvelle Méthode de chant des jeunes Demoiselles, op. 66. Son étude pourra se faire *sans fatigue*, aussitôt que la mue de la voix sera terminée.

La Méthode de chant a deux voix, op. 65, du même auteur, étant écrite pour *soprano* et *mezzo-soprano*, rendra plus complète les études faites avec la précédente (voir, plus bas, son *analyse*).

(*Nota.*) Dans la séance du Comité des Études du Conservatoire (10 avril 1850), il a été décidé que les deux nouvelles méthodes de chant de M. A. de Garaudé (Méthode de chant des jeunes demoiselles et Méthode de chant a 2 voix, op. 65 et 66), dont la spécialité n'existait pas jusqu'ici, feront partie de celles qui sont l'objet des études, ainsi que ses autres *ouvrages classiques*, précédemment adoptés par le Conservatoire.

Ces deux Méthodes conviennent principalement aux jeunes personnes, dont il faut craindre de fatiguer la voix.

Les jeunes voix, étant ainsi formées et développées par l'étude préalable de cet ouvrage, pourront ensuite travailler sans inconvénient celle des autres Méthodes de chant spéciales de ce Catalogue qui leur serait le plus convenable. Il doit en être de même pour la *lecture musicale*. Il serait très utile de *lire à première vue* les Solfèges suivants : *Œuvres* 27, 41, 46, 50 et 62, ainsi que beaucoup de *Musique facile* avec paroles, afin d'en prendre l'habitude. (Voir les 52 Études de prononciation, op. 52.)

Il est donc à croire que ce Catalogue offrira de très grands avantages à MM. les Professeurs de musique; les Solfèges, Méthodes de chant, d'harmonie, de Piano, qui y sont analysés, étant le fruit de la longue carrière (dévouée à l'Enseignement) d'un Professeur dont les bonnes études de Collège ont préparé les études musicales qu'il a faites avec les plus grands maîtres des Écoles Italiennes et Allemandes: ce qui a beaucoup influé sur leur succès.

Privé de cette double instruction, un excellent artiste musicien ne peut que rédiger des Méthodes très imparfaites sous le rapport de leur plan bien conçu, développé et distribué avec clarté, et d'une progression insensible dans ses divers détails, où chaque article, contenant son *précepte, exemples, exercices* et *leçons spéciales* sans aridité, se trouve successivement classé à la place qui lui est convenable dans les divers chapitres.

Ces avantages, si difficiles à réunir, ont valu, après l'examen de ces Ouvrages Classiques, leur adoption par l'*Institut de France*, les *Conservatoires de musique*, le *Ministre de l'instruction publique* et le *Conseil de l'Université*. Ces deux derniers ont adopté pour les classes nombreuses des *Écoles primaires, Collèges, etc.*, trois genres d'ouvrages différents, in-8°, de M. A. de GARAUDE (à choisir selon les localités et circonstances): Solfèges des enfants : Cours élémentaire de musique, en trois séries; et Enseignement mutuel; lesquels sont analysés dans ce catalogue. Leur prix net en étant très modéré, la plupart des villes en font des demandes considérables, lors de la rentrée des classes.

L'Auteur aurait pu faire précéder ses nombreux ouvrages d'une foule de lettres laudatives et approbatives qui lui ont été écrites par les plus célèbres Artistes et Directeurs de Conservatoires; mais il n'a jamais considéré ces lettres que comme une *correspondance particulière*, non destinée à l'impression, et il a pensé que leur publicité donnerait à croire que de telles lettres auraient été écrites par lui-même et signées par complaisance, ou du moins arrachées à une *camaraderie* qui n'aurait pas même examiné ces ouvrages!

Il est à remarquer que les prix de ce Catalogue sont très modiques, ces ouvrages, quoique plus volumineux et plus complets que la plupart des Méthodes, n'ayant jamais été augmentés, comme tant d'autres dont le prix abusif est fort cher, relativement au nombre de leurs pages.

ÉTUDES COMPLÈTES DE SOLFÈGES
OU LECTURE MUSICALE.

SOLFÈGES DES ENFANTS, adoptés par le *Ministre de l'Instruction publique* pour les *Collèges* et *les Écoles primaires, normales et communales*, avec *piano*..... 25 f. »

(Voyez l'analyse des mêmes SOLFÈGES, *in-8°*, à la page suivante.)

SOLFÈGES avec basse chiffrée, ou *Méthode de Musique adoptée par les Conservatoires*, op. 27, *huitième édition*, revue et augmentée de 35 *leçons nouvelles*.. 45 »

Les mêmes, 1re ou 2e partie; chaque.. 25 »

(*Nota.*) Cette 2e *partie* contient un grand nombre de *Solfèges sur toutes les clefs*, sur *toutes les mesures*, et sur *les plus grandes difficultés* de la lecture musicale, sur les *notes enharmoniques*, les *changements de clefs*, la *transposition*. etc. Elle est terminée par des *Solfèges à 2, 3 et 4 voix*. Elle convient principalement aux élèves qui veulent devenir ARTISTES, ou en acquérir le talent.

Les mêmes SOLFÈGES avec accompagnement de *Piano* (1re partie et *solfèges* de la 2e), *neuvième édition*.. 36 »

Les mêmes, 1re partie, avec accompagnement de *Guitare*.......................... 25 »

---

80 SOLFÈGES PROGRESSIFS à 2 voix, op. 41, avec accompagnement de Piano. 30 »

Les mêmes in-8°, sans accompagnement (pour les *classes nombreuses*)... 10 »

Ces SOLFÈGES, dont le but est d'accoutumer les élèves à entendre une autre voix se marier à la leur, ont une spécialité qui ne se trouve point au même degré dans aucun ouvrage. Ils seront utiles principalement dans les *Pensionnats* ou *Ecoles de musique*, où plusieurs élèves pourraient chanter chaque partie, et ils deviendront une récapitulation de toutes les *difficultés de valeurs et d'intonations* contenues dans d'autres SOLFÈGES. Leur variété de style donnera de l'attrait à un genre d'études si important, mais qui est souvent d'une ennuyeuse aridité. Les 30 numéros derniers sont des espèces de Duos *sans paroles*, dans lesquels les jeunes ARTISTES trouveront à se perfectionner comme *lecture musicale plus difficile*, et qui doit contribuer à *former leur goût*. Ces SOLFÈGES forment une suite et complément utiles à l'œuvre 27.

MÉTHODE DE MUSIQUE OU SOLFÈGES avec accompagnement de piano, en clef de FA, 4e ligne, *composés nouvellement et spécialement* pour les voix de BASSE, BARYTON, CONTRALTO, ou pour les instrumentistes qui font usage de cette clef, op. 46; prix.. 36 f. »

Les *transpositions* d'autres SOLFÈGES ne pouvant atteindre le but qu'on se propose, la publication de cet ouvrage, dont la composition toute spéciale a été extrêmement soignée, est devenue d'une grande utilité pour ce genre d'élèves, la tessiture de ces voix étant différente des autres. C'est aussi un cours complet d'études progressives et nombreuses de *lecture musicale sur la clef de* FA. Leur style facile en rendra l'étude agréable.

Ces SOLFÈGES sont *les seuls* qui aient été véritablement *composés sur la clef de* FA, comme MÉTHODE DE MUSIQUE. Cet Ouvrage considérable est *complet*.

SOLFEOS, op. 27. (Texte espagnol).. 25 f. »

Manuel de DICTÉE MUSICALE, in-8°, sur 200 *nouvelles leçons spéciales et progressives de* SOLFÈGES (*faisant suite aux* SOLFÈGES DES ENFANTS); prix net.. 4 »

Écrire la Musique sous la dictée est l'une des meilleures études qu'on puisse faire, puisqu'elle exerce l'oreille et l'intelligence de l'élève à bien discerner tout ce qui a rapport aux *valeurs* et aux *intonations*. Un tel exercice, fait avec soin sur une série de Leçons spéciales et progressives, doit beaucoup contribuer à former de *bons musiciens*. Outre que cet ouvrage est le *seul* de ce genre, il peut aussi être employé comme tous les autres SOLFÈGES pour *l'enseignement individuel ou collectif*.

ENSEIGNEMENT SIMULTANÉ ET COLLECTIF OU MUTUEL.

Adopté par le *Ministre de l'Instruction publique*, le *Conseil de l'Université* et l'*Institut de France*,

Pour les CLASSES NOMBREUSES des *Ecoles Primaires, Normales, Colléges, etc.*

(*Nota.*) Le choix à faire dans les trois ouvrages suivants sera subordonné à des circonstances locales et particulières. Quoiqu'étant d'un genre différent, leur usage doit former de bons lecteurs en leur faisant aimer L'ART MUSICAL.

SOLFÈGES DES ENFANTS, format in-8°, sans accompagnement, prix net... 2 f. 50

Cet ouvrage, écrit dans l'intervalle de *neuvième*, du *do* au *ré*, pour ne point fatiguer la poitrine, est le *seul* de ce genre qui puisse offrir un bon abrégé *d'enseignement complet*, relativement à son étendue. Ses leçons comprennent tous les tons majeurs et mineurs, en clef de *sol* ou de *fa*, y compris trois dièzes et trois bémols, ce qui le fait préférer à d'autres, d'un même prix. (Voyez DICTÉE MUSICALE, suite à ces SOLFÈGES.)

COURS ÉLÉMENTAIRE DE MUSIQUE, op. 50; les 3 séries et le tableau; prix net 10 f. 50

1re *Série :* SOLFÈGES très faciles, à 2 *voix;* prix net........................ 3 »

2e *Série :* SOLFÈGES progressifs, à 3 *voix;* prix net........................ 3 75

3e *Série :* 12 CHOEURS militaires, pour les RÉGIMENTS; prix net......... 2 50

3e *Série* bis : 12 CHOEURS, à 3 *voix*, pour les PENSIONNATS; prix net.... 3 75

Les mêmes, 12 CHOEURS (PENSIONNATS), avec *Piano*; prix marqué..... 18 »

TABLEAU EXPLICATIF DES PRINCIPES; prix net........................ 1 »

ENSEIGNEMENT MUTUEL ET POPULAIRE DE LA MUSIQUE, op. 62, pour les classes nombreuses des *Ecoles primaires, normales et communales, Colléges, Pensionnats, etc.*, contenant 285 SOLFÈGES à 2 et 3 voix, et 50 CHOEURS à 2, 3 et 4 voix, dont 8 CHOEURS D'EGLISE pour *Messes, Saluts*, etc.

Cet *enseignement mutuel* est moins coûteux que celui de Wilhem; il est gravé de deux manières :

MANUEL GUIDE, complet, 1 vol. in-8°; prix net........................ 8 f. »

Le même, 1re *ou* 2e *partie;* chaque, prix net........................ 4 50

Le même ouvrage en 74 Tableaux in-fol., complet (pour être suspendu aux murs).. 12 »

1re *ou* 2e *partie*, in-fol., prix net........................ 7

Rapport de l'Institut et adoption du Ministre de l'Instruction publique.

La Section de Musique de l'Institut de France (séance du 11 décembre 1847) a examiné et approuvé l'Enseignement mutuel et populaire de la Musique, op. 62, par *Alexis* de Garaudé; et d'après le rapport de la Section des études de l'Université, M. le Ministre de l'Instruction publique (séance du 19 novembre 1847) *l'a adopté pour l'usage des Ecoles primaires*, etc.

D'après l'opinion d'un grand nombre de bons professeurs, le plan et les détails de cet ouvrage réunissent une telle clarté, qu'il peut être mis en usage partout avec la plus grande facilité. Son but est le même que celui de la méthode Wilhem, mais son emploi est *moins coûteux, moins aride, d'un résultat plus prompt et d'une portée d'enseignement plus étendue*. L'auteur en a écarté tout procédé confus dont l'innovation est au moins inutile; il n'y offre que des *préceptes approuvés par les* Conservatoires. Chacun de ces préceptes n'y est présenté que successivement, et il est immédiatement suivi de nombreux exemples et exercices qui le développent sous la forme de Solféges et de Choeurs, d'une mélodie agréable et moderne, lesquels initient peu à peu les élèves à toutes les difficultés de la Lecture musicale. Beaucoup de ces chœurs peuvent être chantés dans les Concerts.

La méthode Wilhem a été longtemps *la seule de ce genre*, et par conséquent *la meilleure*. C'est après avoir infructueusement essayé son usage, que beaucoup de Professeurs, rebutés par son obscure aridité, ont engagé M. *Alexis* de Garaudé, dont ils appréciaient les *ouvrages classiques*, à composer un nouvel Enseignement mutuel et populaire de la Musique, qui pût joindre les procédés indiqués par *Lancaster, Paulet, Laborde, Lasteyrie, Jomard, Hamel*, etc., aux avantages qu'ils étaient loin de trouver dans Wilhem, dont les Mélodies ont trop vieilli pour que les élèves puissent penser que la Musique est un *art agréable*. Il serait cependant bien important d'en faire aimer l'étude, en la rendant moins ennuyeuse; car cela est d'une grande influence sur les progrès.

(*Nota.*) La 1re *partie* de cet ouvrage (160 pages contenant 217 *Leçons de Solféges*, à 1, 2 *ou* 3 *voix*, et 25 *Chœurs à* 2 *ou* 3 *voix*) pourrait être suffisante.

MM. les Inspecteurs généraux de l'Université ont examiné la 2e édition de cet Enseignement mutuel, op. 62. Leur approbation a été unanime pour l'utilité de son adoption.

ÉTUDES COMPLÈTES DE L'ART DU CHANT.

Réflexions sur la nécessité de faire usage d'une Méthode de Chant.

Cette nécessité est mal comprise sous le rapport des progrès bien plus rapides et de l'économie de temps et de leçons. Beaucoup d'élèves croient pouvoir éviter cette très petite dépense, mais ils ne réfléchissent pas qu'une Méthode bien faite met à leur disposition, à chaque instant, tous les *conseils, préceptes, exercices* et *moyens de perfectionnement* que les plus célèbres chanteurs ont introduits dans cet Art, bien plus difficile qu'on ne pense! Les leçons reçues d'un bon professeur et exercées seules d'après la Méthode, en deviennent infiniment plus profitables! En supprimer l'usage, ce serait vouloir apprendre une langue sans Grammaire. Des réflexions analogues pourraient aussi être applicables à l'utilité de bonnes Méthodes pour les instruments.

Sans cette étude indispensable, on fera de graves et fréquentes fautes dans tous les morceaux qu'on chantera, et même une belle voix sera souvent compromise! En vain voudrait-on s'excuser d'un peu de paresse, en se bornant à chanter des *Romances* et des *Nocturnes*, on y remarquerait beaucoup de défauts relatifs au *bon timbre, à la pose de la voix, à la liaison des sons, aux nuances, à la flexibilité, à la prononciation*, etc. (Voyez l'analyse des 52 Études de prononciation, op. 52.)

Nouvelle Méthode de Chant des jeunes Demoiselles, adoptée par le Conservatoire, convenable aussi aux voix de *Mezzo-Soprano*, ou de *second Ténor*, contenant les Préceptes *de cet art*, 160 Exercices, 20 Études, 12 *grandes* Vocalises ou Airs *sans paroles*, à 2 mouvements, et un Air de Concert, paroles italiennes et françaises; le tout avec accompagnement de piano; op. 66.................. 25 f. »

Par le soin que l'auteur y a apporté de n'y rien écrire *qui puisse fatiguer les jeunes voix*, cet ouvrage est sans doute le premier qui doive commencer les *Études vocales*.

L'étendue de notes et la tessiture des *Exercices*, *Etudes* et *Vocalises* de cet ouvrage élémentaire, le rendront spécialement très utile aux voix de MEZZO-SOPRANO et de SECOND TÉNOR. L'un de ces principaux avantages sera *d'exercer très souvent la voix de Médium*, que beaucoup de Cantatrices ont d'un timbre faible ou défectueux. L'auteur a réuni tous ses soins et le fruit de sa longue habitude d'écrire des OUVRAGES CLASSIQUES (ce qui est bien plus difficile qu'on ne le penserait, d'après le grand nombre de Méthodes qui pullulent journellement), pour que le travail progressif et bien classé fait avec ce dernier ouvrage fût à la fois d'un résultat certain et d'une étude agréable, par l'énoncé clair et précis des meilleurs préceptes développés successivement par de nombreux *Exemples* et *Exercices*, auxquels il a cherché à joindre la *Mélodie*, les *Fioritures*, *Traits* élégants et nouveaux, *Points d'orgue* avec ou sans modulations, etc., de la moderne et bonne École Italienne. Les 12 grandes VOCALISES qui terminent cette MÉTHODE DE CHANT sont de véritables AIRS DE CONCERTS (sans paroles), de différents styles, comme *Cantabile, Scènes, Airs, Rondò final, Cavatine, Barcarolles, Tyroliennes*. A la page 106, se trouve un AIR brillant, paroles Italiennes et Françaises, pour les *Concerts, Examens* et *Concours de Chant*.

MÉTHODE COMPLÈTE DE CHANT OU THÉORIE PRATIQUE DE CET ART, adoptée par le Conservatoire, dédiée à son élève, la signora *Coreldi*, *prima donna* des théâtres *San Carlo* et *La Scala*, *mise à la portée de tous les professeurs*, même *instrumentistes*, contenant tous les préceptes et exemples qui y sont relatifs ; 360 *exercices* pour la pose, les nuances et l'agilité du mécanisme de la voix : 50 *Vocalises* ou *Leçons élémentaires* et spéciales sur l'emploi de chacun de ces exercices, *nombreuses fioritures modernes, points d'orgue*, etc. ; 25 *grandes Vocalises* ou *morceaux de chant sans paroles;* conseils relatifs au *caractère des divers morceaux de chant*, au *style* au *goût*, à *l'expression*, à *la conservation de la voix;* préceptes et nombreux exemples relatifs à la *manière d'orner un morceau de chant*. *Les Cavatines et Mélodies qui y sont suite* sont chacune d'un style différent.

Op. 40, 2e édition, revue et augmentée, complète........................ 50 f. »

La 1re *partie*, ou *la* 2e et 3e *réunies*........................ 30 »

*Rapport de l'*INSTITUT (séance du 27 mars 1819).

M. de Garaudé a déjà donné des garanties de sa connaissance de l'art du Chant. La première édition de la Méthode qu'il avait publiée avec un double texte français et italien, a été adoptée par le Conservatoire de Milan, où il a été nommé Professeur de chant honoraire, et de là, elle s'est répandue dans toute l'Italie, cette terre classique du chant, où trois éditions en ont été gravées.

Nous croyons donc que sa nouvelle Méthode est appelée au même succès. Les nombreuses *Vocalises* qu'elle renferme sont d'un bon style, l'harmonie en est toujours correcte, les mélodies faciles et naturelles; le texte est clair et les exemples bien choisis. La section pense donc que cet ouvrage réunit les conditions d'une bonne Méthode, complète dans ses divers détails, et que cette publication est à la fois utile aux maîtres et aux élèves.

MÉTHODE DE CHANT, composée spécialement pour les voix de *Basse, Baryton* ou *Contralto*, adoptée par le Conservatoire, avec 130 *Exercices*, 18 *Vocalises élémentaires*, et 12 *grandes Vocalises* sous la forme d'*Airs, Cavatines, etc.*, op. 53; prix. 25 f. »

Ce serait une erreur fort nuisible que de croire que des Méthodes composées pour la voix de *Soprano* puissent être employées sans inconvénient pour d'autres genres de voix dont la *tessiture* est différente, en les transposant, ainsi que plusieurs professeurs ont malheureusement essayé de le faire! Le texte et les *compositions spéciales* de cet ouvrage feront acquérir promptement les progrès et améliorations qui résultent infailliblement d'un plan d'études bien conçu, qui développera l'intelligence des élèves.

*Rapport de l'*INSTITUT *sur cette* MÉTHODE (séance du 6 octobre 1815).

La section de Musique a examiné l'ouvrage de M. *Alexis* DE GARAUDÉ, intitulé: MÉTHODE DE CHANT, *composée spécialement pour les voix de* BASSE, BARYTON ou CONTRALTO, op. 53, ouvrage sur lequel M. le *Ministre de l'Intérieur* a demandé un rapport à l'*Académie des Beaux-Arts*.

La MÉTHODE de M. de Garaudé remplit bien le but spécial qu'il s'est proposé. Les préceptes généraux que donne l'auteur sont puisés aux bonnes sources et sont très bien appropriés aux voix pour lesquelles l'ouvrage est composé. Les *exemples*, les *exercices*, les *études* qui servent d'application au texte sont écrits avec soin, bien combinés, et feront clairement comprendre aux élèves, par la pratique, le sujet de la leçon. A mesure que l'ouvrage se développe, les exercices prennent plus d'importance et finissent par des *morceaux* de caractères variés dont l'harmonie est toujours correcte, les mélodies agréables et naturelles, et dans lesquelles l'auteur a consigné le fruit de sa longue pratique et de son expérience.

La section voit avec intérêt les travaux utiles qui tendent à faciliter l'étude de la Musique et à en propager le goût. Elle pense que la MÉTHODE de M. de Garaudé concourra à ce but, et occupera une place honorable parmi les ouvrages destinés à l'enseignement du chant.

MÉTHODE DE CHANT A 2 VOIX (*Soprano* et *Mezzo-Soprano*, *ou Ténor* et *Basse*), adoptée par le Conservatoire, dédiée à Mme CINTI-DAMOREAU, op. 65; prix... 25 f. »

Dans les *classes des Conservatoires*, où le nombre des élèves rend indispensable l'économie du temps de chaque leçon, dans les *Pensionnats*, dans les *leçons particulières données à deux sœurs*, il est certain que ce genre de MÉTHODE devient préférable. Non-seulement il répandra plus d'intérêts sur l'aridité des *Exercices*, *Études spéciales* et *Vocalises* (*qui sont toujours à deux voix*), mais aussi il contribuera puissamment à exciter l'émulation qui doit naître de la répétition instantanée des mêmes phrases, traits ou fioritures qui viennent d'être chantés par une autre voix. A défaut d'un second Elève, le professeur pourra chanter cette seconde partie : ce qui rendrait la leçon plus profitable.

*Rapport de l'*INSTITUT (séance du 2 décembre 1848).

La nouvelle MÉTHODE DE CHANT de M. de Garaudé, sur laquelle M. le *Ministre de l'Intérieur* a demandé un rapport à l'Académie des Beaux-Arts, est composée dans le but principal de servir *à l'enseignement simultané de deux Elèves*. L'auteur a pensé, et avec raison, que par ce double enseignement, par ce contact continuel de deux voix s'exerçant ensemble sur toutes les difficultés de l'art du chant, l'oreille et l'intelligence musicale des Elèves se formeraient plus rapidement. En effet, les *Exercices* les plus simples, combinés à la tierce ou à la sixte, devenant ainsi de petits *Duos*, donnent aux premières études de chant, et dès le début, un véritable intérêt musical.

M. de Garaudé a déjà rendu de nombreux services à l'enseignement de la Musique. Il a de nouveau consigné dans cette MÉTHODE DE CHANT A DEUX VOIX le résultat des leçons qu'il a reçues lui-même des meilleurs maîtres de l'école Italienne, ainsi que les fruits de sa longue pratique personnelle. Nous pensons que cette MÉTHODE, rédigée avec beaucoup de clarté, et qui contient, outre les *préceptes* nécessaires, de nombreux *Exercices* et des *Vocalises à deux voix*, écrites avec soin, avec goût et avec une parfaite connaissance du mécanisme vocal, occupera une place honorable parmi les ouvrages modernes destinés à l'enseignement.

MÉTHODE DE CHANT (METHOD OF SINGING), pour *Mezzo-Soprano* (*texte Anglais et Français*); op. 55.. 25 f. »

METODO DE CANTO (*texte Espagnol*), dédiée à Mme la Duchesse de Montpensier; prix.. 25 f. »

---

24 VOCALISES, ou *Etudes de l'art du Chant*, composées pour les examens et les *concours du Conservatoire*, avec accompagnement de piano, op. 42.

1re *Livraison* pour voix de *Soprano* et de *Ténor*.......................... 18 f. »
2e *Livraison* pour voix de *Basse* ou de *Contralto*............ .... 18 »

12 VOCALISES ou *Etudes caractéristiques* de l'*Art du Chant*, avec accompagnement de Piano.. 18 »

(*Nota.*) Ces 3 derniers recueils de VOCALISES offrent, à chaque instant, un exercice de perfectionnement, soit sous le rapport de la *pose de la voix* et de ses *nuances*, comme *coloris* et *expression*, soit sous celui du *mécanisme de l'agilité*, en employant toujours les fioritures les plus modernes et les plus adaptables au Style du morceau. Les VOCALISES sont presque toutes écrites à deux mouvements, sous la forme de

Cavatines, *Rondò*, *Polacca*, *Airs*, *Scènes*, de manière à en rendre l'étude très agréable.

---

52 ETUDES de *prononciation* et *d'articulation dans le chant français*; précédées de *Notes grammaticales*, sous la forme de RÉCITATIFS, AIRS, CAVATINES, ROMANCES, BARCAROLLES, etc.; paroles et musique, avec accompagnement de piano, par A. DE GARAUDÉ, op. 52; prix .... 20 f. »

Cet ouvrage, *le seul de ce genre*, devient l'un des plus importants à bien étudier pour les chanteurs, car beaucoup de ceux-ci. même célèbres par leur voix et leur talent, prononcent souvent d'une manière inintelligible. Ce défaut est d'autant plus saillant, que tous les auditeurs quelconques s'en aperçoivent et s'en plaignent, ne pouvant comprendre ce qu'on chante.

Pour atteindre sûrement son but, l'auteur s'est imposé la tâche difficile de composer aussi les vers des 52 morceaux de chant, de manière à faire entrer 4 ou 5 fois dans chaque vers la lettre qui fait l'objet de deux *Etudes* sur chacune de ces difficultés. Ainsi, le professeur a de fréquentes occasions de corriger le vice de prononciation et d'articulation de ces morceaux, qui sont généralement assez agréables pour pouvoir être chantés dans les Concerts, au moyen de l'APPENDICE qui y est ajouté.

GUIDE DU PIANISTE, *accompagnateur du chant*, contenant 20 ÉTUDES et beaucoup d'EXERCICES *spéciaux*, le tout *doigté* et composé de toutes les *formules employées le plus fréquemment dans les accompagnements de Piano*, op. 64, *in-4°*; prix net. 6 f. »

N. B. Cet ouvrage, avec la MÉTHODE COMPLÈTE DE PIANO, et les 12 SONATES *faciles* qui y font suite, se vend, prix net.. 20 »

Son but spécial est de former de *bons accompagnateurs du chant, même en n'étant que d'une force médiocre sur le Piano*. Ce GUIDE fera acquérir une exécution suffisante pour se familiariser avec toutes les formules d'accompagnements. Toutes les indications y sont données pour se perfectionner dans ce genre de *lecture musicale*, pour savoir *simplifier les passages difficiles*, et pour bien comprendre avec intelligence cette parfaite *unité d'intonations et de sentiment*, qui doit toujours régner entre le chanteur et l'accompagnateur, avantages que ne possèdent pas des *Pianistes* même célèbres.

Cet ouvrage est le *seul* publié dans cette spécialité.

MÉTHODE COMPLÈTE DE PIANO, op. 45, 2e édition, par *Alexis* DE GARAUDÉ, et qui contient aussi beaucoup d'*exercices*, *préludes*, *leçons* et *études*, par J. HERZ, JADIN, LEVASSEUR (140 pages), prix marqué.. 25 f. »

Le même, 1re *partie*, contenant 170 *exercices*; les *gammes*, 20 *préludes faciles*, 63 *leçons progressives*, tirées des morceaux favoris du Théâtre Italien (76 pages).. 15 »

Le même, 2e *partie*, contenant les *gammes de 4 octaves* et les *gammes en tierces* dans tous les tons; 30 *préludes*, un *Répertoire de traits difficiles*, servant à faire connaître toutes les règles du doigté; 12 *Etudes brillantes* et une *Méthode pour accorder le Piano*.. 15 »

Cette MÉTHODE, d'un prix très modique (25 fr., prix marqué pour 140 pages in-4°), est *une des seules* qu'on puisse étudier *consécutivement*, étant très élémentaire, progressive, sans ennui, et offrant des *résultats certains* par l'utilité de ses nombreux exercices qui tendent à développer rapidement l'exécution. La 1re *partie* seule est plus suffisante que beaucoup d'autres Méthodes dont le prix est plus cher.

Dans la première année de leçons, il devient important de s'accoutumer à lire beaucoup de *Musique très facile* pour le Piano. On croit devoir recommander de mélanger avec l'étude de la MÉTHODE, 12 SONATES très faciles et *doigtées*, qui sont spécialement composées pour faire acquérir progressivement et facilement le parfait mécanisme de toutes les formules de traits, de batteries sur les accords, etc., qui sont en usage dans la musique du piano: chacun des morceaux étant spécialement consacré à l'étude d'une seule de ces difficultés, sous une forme agréable pour l'élève. Le préjugé que quelques critiques superficiels attachent au mot *sonate* est d'autant plus ridicule, que les titres modernes dont on pare de petites nouveautés élémentaires sont au moins très burlesques! D'ailleurs, ces 12 SONATES ne doivent se considérer que comme *complé-*

ment utile d'une MÉTHODE DE PIANO, et comme étant une espèce de SOLFÈGES ou EXERCICES *de* LECTURE MUSICALE pour les jeunes Pianistes.

Ces 12 SONATES se vendent, prix net, 8 fr., ou 15 fr. avec la MÉTHODE COMPLÈTE DE PIANO.

L'HARMONIE RENDUE FACILE, ou *Théorie pratique* de cette science et d'accompagnement de la *basse chiffrée* et de la *partition*, rédigée de manière à pouvoir *étudier seul*, au moyen de *Leçons* à faire par l'élève sur chaque accord de la 1re partie. On consultera ensuite le *corrigé* de ces leçons qui se trouve dans la 2e partie, op. 41, ce qui (au moyen des *nota* explicatifs) pourra remplacer les avis du professeur. 30 f. »

Il existe beaucoup de Traités d'harmonie rédigés par des Compositeurs célèbres. Malheureusement ils sont plus ou moins diffus et obscurs, et tous exigent l'adjonction des leçons d'un professeur. Celui-ci est *le seul* au moyen duquel cette dépense pourrait devenir superflue; ce motif et la clarté concise de ces préceptes, toujours développés par de nombreux exemples, ont valu à cet ouvrage un très grand succès en France et à l'étranger. Il est exempt de toute aridité classique, et peut rendre familier l'usage des diverses *modulations, cadences, pédales, marches harmoniques*, etc.

MÉTHODE DE VIOLON, *avec 3 duos faciles sur les 3 premières positions*, à l'usage des Lycées ou Collèges. Elle contient toutes *les gammes* et *Exercices* préparatoires; Leçons spéciales, etc.; prix.. 9 f. »

MÉTHODE D'ALTO-VIOLA. (Même genre de rédaction)...................... 5 »

MUSIQUE SACRÉE.

1re MESSE SOLENNELLE à 3 voix (*Soprano, Contralto, Basse*), avec *orgue* ou *piano* op. 43, dédiée à CHÉRUBINI.. 15 f. »

Parties d'orchestre.. 18 »

2e MESSE à 3 voix (*Soprano, Ténor et Basse*), dédiée à ROSSINI, op. 47... 25 »

Parties de chant.. 10 »

Parties d'orchestre.. 25 »

3e MESSE à 3 *voix égales*, pour la Maison nationale de Saint-Denis, op. 63, avec orgue (convenable aux *Colleges, Séminaires, Couvents*, etc.)............ 20 »

Parties de chant.. 9 »

Parties d'orchestre.. 20 »

4e MESSE à 2 *voix* (*Ténor* et *Basse*, ou *Soprano* et *Contralto* ou *Basse*), avec chœurs (*ad. lib.*) et Orgue, pouvant être chantée facilement dans les *Paroisses, Couvents, Séminaires, Collèges* et *Pensionnats*, op. 73.................... 20 »

La même, *parties de chant séparées*.................................. 8 »

5e MESSE à 3 *voix* (de *Requiem*), (*Soprano, Ténor* et *Basse*), avec chœurs (*ad. lib.*) et Orgue, op. 74.. 25 »

La même, *parties de chant séparées*.................................. 10 »

Stabat Mater à 3 voix et chœurs, dédié à F. HALÉVY, avec accompagnement d'orgue.. 20 »

Idem, parties de chant.. 9 »

3 ANTIENNES A LA VIERGE, à 3 *voix égales*, avec Orgue (*Regina cœli*, — *Salve Regina*, — *Memorare*).. 12 »

Idem, in-8o, sans accompagnement; prix net............................ 2 50

8 CHOEURS à 3 et 4 voix (*O salutaris*, — *Ecce panis*, — *Adoremus*, — *Tantum ergo*, — *Ave Maria*, — *Requiem*. — *Pie Jesu*, — *Agnus Dei*), extraits de la *Méthode d'enseignement mutuel et populaire*, op. 62, sans accompagnement, in-8o; prix net.. 2 »

Les mêmes, grand format, avec accompagnement d'*orgue*; prix marqué.... 15 »

Ces Messes, d'une exécution facile, ont été chantées avec succès dans la plupart des

Cathédrales de la France et des pays étrangers. L'auteur ayant été premier Ténor de la chapelle des Tuileries pendant 20 ans, a pu s'inspirer de l'audition fréquente des chefs-d'œuvre de musique sacrée de tous les grands Maîtres, et chercher à y créer des mélodies qui puissent plaire, en y conservant le caractère religieux, dont le véritable style devient si essentiel dans ce genre de composition!

Elles peuvent être chantées dans les *Écoles*, *Séminaires*, *Collèges* et *Pensionnats*.

MUSIQUE VOCALE.

3 Nouveaux Airs *français* (*de Concert*), avec *piano*, op. 50; chaque (pour voix de Soprano) .... 6 f. »

3 Duetti buffi, pour *Soprano* et *Basso*, pour les *Soirées musicales*, op. 56; chaque .... 6 »

En recueil .... 12 »

100 Romances avec accompagnement de piano, à ...... 1 fr. 50 c. ou 2 »

2 œuvres de 4 *nocturnes à 2 voix* et 2 *cavatines italiennes*; chaque 7 50

Le départ pour l'armée, duettino pour *Soprane* et *Basse* .... 4 »

3 Cantates à 3 voix, avec chœurs, pour les distributions de prix des Pensionnats; chaque 7 50

6 Cavatines de *concert*, paroles italiennes et françaises, chantées par Mme *Sontag*, avec piano, op. 70; prix net .... 4 »

Cantabile et Rondò, de *concert*, idem, chanté par Mme *Ugalde*, op. 71; prix net 2 50

3 Boléros, pour les *soirées musicales*, paroles italiennes et françaises, op. 72; prix net .... 3 »

A Chi non vuoi contento, Scena (*Récitativo, Cantabile-Rondò*) pour les Soirées Musicales; prix net 2 50

Quel ruscelletto, cavatine pour Soprano (à 2 mouvements) 3 50

La Romance et la Chansonnette .... 2 »

Cantique Maçonnique, à 4 voix, avec piano .... 3 »

Albert de Garaudé : *La Placida Marina*, — *Aure Amiche*, nocturnes à 2 voix; chaque .... 4 »

Robin Gray. — *Désir champêtre*. — *Si c'était lui!* — *Le Rêve dans la Barque*. — *La Thébaïde*, Romances .... 2 »

Le Prix du sang. — *La Nuit de Noël*; à .... 6 »

Principaux *Airs* et *Duos* des opéras de Rossini, Mercadante, Paccini, Vaccaj, avec accompagnement de piano (paroles italiennes), à 5 centimes la page, net, sans remise. (*Barbiere, Gazza, Otello, Italiana, Tancredi, Mosè, Zelmira, Semiramide, Matilda, Ricciardo, Cenerentola, Elisa e Claudio, Crociato, Vestale, Pirata, Bianca di Messina, Allessandro nelle Indie, Zadig, Barone di Dolsheim, Rosabianca, Temistocle, Giulietta e Romeo*, etc.)

MUSIQUE DE PIANO.

12 Suites de Sonates, Mélanges, etc., *faciles et doigtées*, par *J. Herz, Jadin, Levasseur, Garaudé*, etc. (*lecture musicale pour le Piano*); prix net ... 20 »

Garaudé, 12 Sonates *faciles et doigtées* (formant les 4 premières suites des précédentes, faisant suite et complément à la Méthode de Piano), op. 29 et 30; prix net .... 8 »

d° 3 Sonates doigtées, avec accompagnement de Violon, 7e suite; prix marqué 7 50

d° 2e Mélanges d'Airs, 9e suite; prix marqué 4 50

6 Morceaux *faciles* pour l'Harmonium, ou Orgue expressif, op. 51 .... 9 »

Albert de Garaudé, grand Trio pour Piano, Violon et Violoncelle .... 10 »

Sonates a 4 mains, non difficiles et brillantes pour les *soirées musicales*, op. 39 .... 12 »

Fantaisie facile sur l'*air national russe*, op. 68 .... 5 f. »
Fantaisie et Polka, facile pour piano et violon, op. 69 .... 6 »
2 Quadrilles (*Soirées de Bougival*), Contredanses, Valses, Polka; chaque (avec une jolie lithographie) 4 50

MUSIQUE DE VIOLON ET VIOLONCELLE.

Alexis de Garaudé. 3 grands Quintettes pour 2 Violons, Alto et 2 Violoncelles, op. 16 .... 15 »
d° 3 Duos *faciles* sur les 3 premières positions du Violon .... 5 »
d° 3 Duos *faciles* pour 2 Violons, dédiés aux Lycées, op. 2 .... 6 50
d° 6 Duos, op. 28, pour 2 Violons, dédiés à R. Kreutzer, 1re et 2e Livraisons, à 7 50
d° Scène ou *Fantaisie mélodique*, pour le Violon (Piano ou Orchestre) 5 »
d° 3 Airs variés pour le Violon, avec Quatuor ou Piano; chaque. 3 60
d° Scène pour le Violoncelle, Orchestre et Piano .... 5 »
d° Andante varié, pour le Violoncelle 3 60
d° Fantaisie sur *Nel cor piu non mi sento*, pour le Violoncelle (avec Piano) .... 5 »
d° Fantaisie brillante (de Concert) pour Violoncelle avec Piano, op. 76 .... 9 »

MUSIQUE POUR LA FLUTE.

Al. de Garaudé, 3 grands Solos *brillants*, avec Quatuor ou Piano, chaque livraison (pour les Concerts de Société) composée d'un Allegro ou Cantabile et Rondo final 7 50
d° 3 Airs variés, id.; chaque (avec Piano ou Quatuor) 3 60
d° Scène *Fantaisie mélodique* avec Orchestre, ou Quatuor ou Piano 5 »
d° 6 Duos *faciles* pour 2 Flûtes, 1re et 2e Livraisons, chaque .... 6 »
d° 3 Duos concertants pour Flûte et Violon, op. 6 .... 7 50
d° 3 Duos, id., id., op. 33 .... 7 50
d° 6 Trios pour Flûte, Violon et Violoncelle, dédiés à *L. Drouet*, 1re ou 2e Livraison, op. 37; à .... 9 »
d° 3 Quatuors pour Flûte, Violon, Alto et Violoncelle, dédiés à Tulou, op. 23 .... 9 »
d° 3 Quatuors, id., op. 35 .... 12 »

MUSIQUE POUR LA CLARINETTE.

Al. de Garaudé, 3 Thèmes variés, avec Quatuor .... 3 »
d° 6 Duos pour Clarinette et Violon, 1re et 2e Livraisons 7 50
d° 3 Quatuors pour Clarinette, Violon, Alto et Violoncelle .... 9 »

MUSIQUE POUR LE COR.

Fantaisie pour le Cor (avec Piano) .... 5 »

Nota. Tous ces Ouvrages se trouvent à Paris, chez M. DE GARAUDÉ, *rue Sainte-Anne*, 43, où lui et Mme *Zélia* de Garaudé, professeur et cantatrice de Concert, donnent leurs Cours et Leçons de chant.

Imprimerie de Vinchon, rue J.-J. Rousseau, 8.

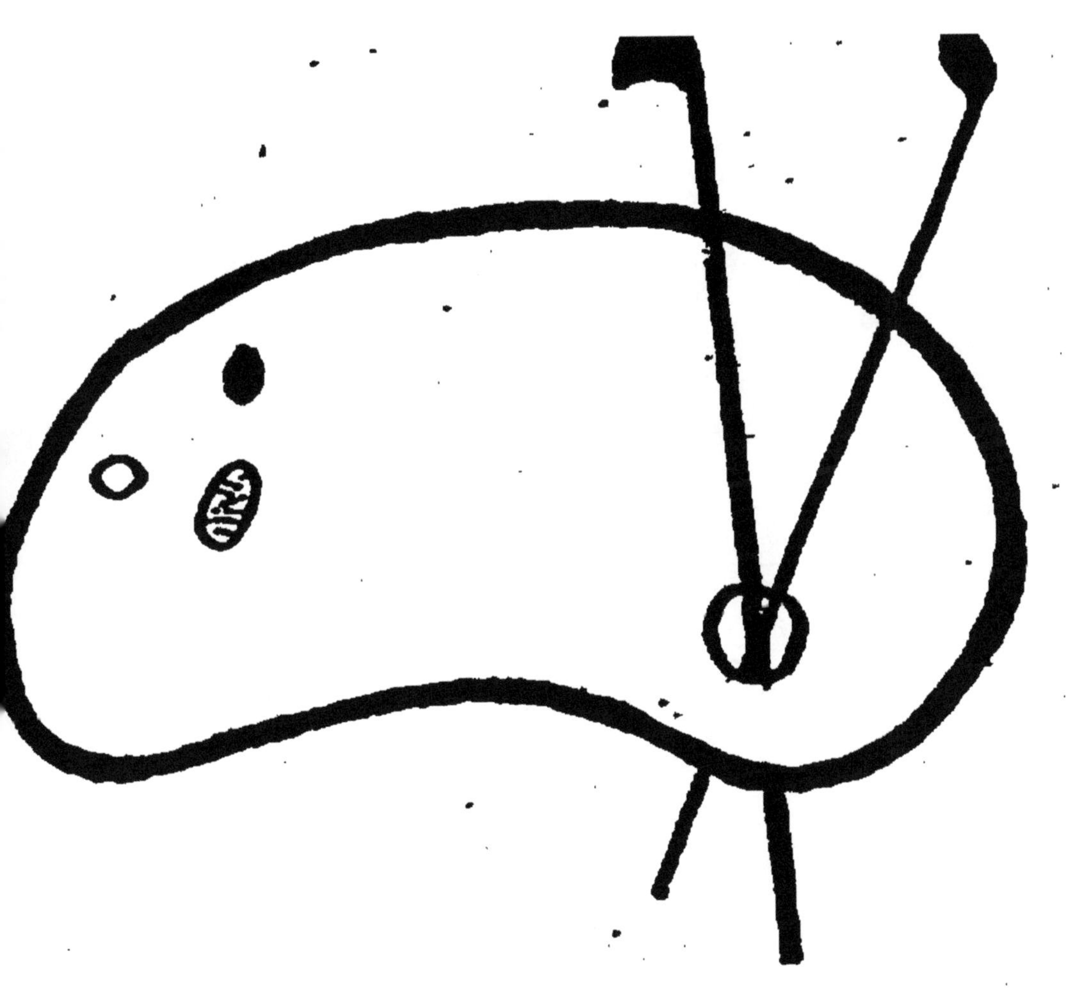

www.ingramcontent.com/pod-product-compliance
Ingram Content Group UK Ltd.
Pitfield, Milton Keynes, MK11 3LW, UK
UKHW020441200726
13857UKWH00002B/519

9 782012 899117